U0272412

湖北省学术著作出版专项资金资助项目

土木工程前沿学术研究著作丛书(第1期)

消力池内悬栅消能工
模型试验与数值模拟研究

牧振伟　贾萍阳　赵　涛　李　琳　著

武汉理工大学出版社

·武　汉·

内 容 简 介

本书以底流消力池内设置的悬栅消能工为研究对象,采用 PIV 流速测量技术和 FLUENT 流体模拟技术,通过理论分析、模型试验和数值模拟方法并结合原型工程观测结果,运用均匀正交设计和 PPR 投影寻踪回归方法,重点研究了消力池内加设悬栅后的水力特性、水流能量耗散衰减规律以及高消能效果时悬栅布置方法,阐明了悬栅在底流消力池内部的消能机理,揭示了悬栅不同位置、体型、数量等参数对消能率和消波特性的影响规律,建立了消力池内悬栅最优布置方案,可为类似底流消力池工程设计提供理论依据。

图书在版编目(CIP)数据

消力池内悬栅消能工模型试验与数值模拟研究/牧振伟等著. —武汉:武汉理工大学出版社,2019.3

ISBN 978-7-5629-5986-1

Ⅰ.①消… Ⅱ.①牧… Ⅲ.①消力池-消能建筑物(水利)-模型试验-研究 ②消力池-消能建筑物(水利)-数值模拟-研究 Ⅳ.①TV653

中国版本图书馆 CIP 数据核字(2019)第 053545 号

项目负责人	杨万庆 王利永		责 任 编 辑	王 思
责 任 校 对	雷红娟		封 面 设 计	博壹臻远

出 版 发 行:武汉理工大学出版社
地　　　　址:武汉市洪山区珞狮路 122 号
邮　　　　编:430070
网　　　　址:http://www.wutp.com.cn
经　销　者:各地新华书店
印　刷　者:湖北恒泰印务有限公司
开　　　　本:787×1092　1/16
印　　　　张:11.5
字　　　　数:223 千字
版　　　　次:2019 年 3 月第 1 版
印　　　　次:2019 年 3 月第 1 次印刷
印　　　　数:1～1000 册
定　　　　价:75.00 元

前　言

底流消能工是泄水建筑物中应用最广泛，也是最古老、最成熟的消能方式之一。当底流消能工采用传统单一形式的消力池，消能效果不能满足泄水建筑物要求时，常常通过加设辅助消能工的措施予以解决。悬栅消能工具有消能率较高、消波效果好，以及对环境影响小等特点。编者借鉴前期陡坡急流弯道悬栅消能研究，针对水库兼顾排沙导流洞或单宽流量较大的溢洪道出口底流消力池的消能难题，提出了在消力池内设置悬栅辅助消能工的措施并在实际工程中成功实施。

本书相关研究工作得到了国家自然科学基金项目"消力池内悬栅消能工的消能机理及栅条最优布置方法研究"（51469031）、清华大学水沙科学与水利水电工程国家重点实验室开放基金项目"消力池内悬栅消能工水力特性数值模拟"（sklhse-2013-B-01）和新疆维吾尔自治区优秀青年科技人才培养项目"底流消力池中悬栅消能工水力特性研究"（2013721027）等的资助。

感谢新疆农业大学水利与土木工程学院提供的研究平台和大力支持！感谢新疆农业大学水利与土木工程学院侯杰教授、邱秀云教授、杨力行教授、谭义海老师及吴战营、朱玲玲、蒋健楠、牛涛、位静静、孙文博等同学，他们参与了项目部分研究，并整理了一些资料。

由于编者水平有限，书中难免存在不足和错误之处，敬请读者批评指正。

编　者
2018 年 12 月

目　　录

1 绪 论

1.1 研究背景及意义

我国水能资源十分丰富,位列世界第一。其中,水电的理论蕴藏容量 6.94 亿 kW,技术可开发容量 5.42 亿 kW,年发电量 2.47 万亿 kW·h。进入 21 世纪后,我国成功实施能源发展战略并将市场竞争机制引入电力体制改革中,水电领域吸收了大量社会资金,促使我国水电开发进入快速发展期。依据"西电东送"与电力发展规划的战略目标要求,到 2020 年,我国常规水电装机容量将达到 3.28 亿 kW。

我国建设的一批规模巨大的战略性工程,如溪洛渡、小湾、向家坝、锦屏、双江口、白鹤滩等,一般都具有流量大、水头高的水流特性,如何进行泄洪消能以减轻水流对下游建筑物的威胁,是水利工作者亟待解决的关键性技术难题。由于泄水建筑物下泄水流具有单宽流量大、流速高、能量集中、破坏性强等显著特点,如不采取措施将会导致下游河道冲刷严重,甚至威胁泄水建筑物本身的安全运行,因此必须设置相应的消能设施来消减下泄水流携带的巨大能量,保证下游河床及泄水建筑物本身的安全稳定运行。消能工的形式多种多样,不仅有传统单一形式的消能工、两种或两种以上联合应用的消能工,还有新型辅助消能工。对于泄水建筑物来说,根据不同的水文、地形、地质等工程条件,正确合理地选择一种安全可靠的消能设施变得十分重要,但消能设施中水流的衔接方式、余能的消散和防冲措施等,必须结合具体条件进行研究并妥善解决。无论采取何种消能形式,若水力条件和工程具体情况等因素考虑得不够全面,或者是消能工设计施工和运行不当,都会给工程安全运行带来严重后患及较高的消能防冲后期维修费用,因而成为工程上的一大负担。

1.2　基本消能方式概述

消能设施在水利工程中的应用历史悠久,一般设置在泄水建筑物末端来消除下泄急流多余的动能,防止水流对下游水工建筑物河床及河道岸坡产生冲刷破坏,是泄水建筑物中不可分割的重要组成部分。消能工的消能原理是借助局部水力现象,经由水流内部紊动、剪切、混掺及旋滚,不同水股之间的扩散、收缩及碰撞,水流与混掺气体在空气中的摩擦,水流紧贴固体边界流动时受到的摩擦和撞击等,将水流携带的部分动能转化并消散耗尽,使水流平稳流向下游。因此,在消能防冲设计中以消能设施为主、防冲设施为辅。目前水利工程上常用的传统消能工形式大体来说有三种,分别是底流消能工、挑流消能工和面流消能工。

1.2.1　底流消能工

底流消能工是泄水建筑物中应用最广泛,也是最古老、最成熟的消能方式之一,底流消能工又称水跃消能工。水跃是底流消能的根本依据,上游渠道中携带巨大能量的高流速水流沿底壁流入消力池后,由于下游水流的顶托作用,水流由急流流态突变为缓流流态,从而在消力池内形成水跃现象,池内旋滚区的水流经过内部强烈紊动、剪切和掺混作用,消耗大量机械能,能量损失后的水流流速较缓且分布比较均匀,未被消除的剩余能量将通过下游河道水流内部紊动及与边壁摩擦等途径来消减,水流的冲刷和破坏能力减小,从而达到消能和保护下游河道的目的。由于底流消能工中消力池入池流速很高,因此需要着重注意衔接段的连接,否则极易发生空蚀破坏和磨损。底流消能工可适用于高、中、低水头及大、中、小流量下的泄水建筑物,具有流态稳定、尾水波动小、消能效果好、冲刷轻微、水流雾化小、维修费用少等优点。虽然底流消能工需要加设护坦来保护河床免受高流速水流冲刷,而修建护坦增加了消力池工程量和工程耗费,但因其对工程地质条件和尾水变幅适应性强,仍在地质条件较差的水利工程中得到普遍应用[1]。

当底流消能工采用传统单一形式的消力池,消能效果不理想或不能满足泄水建筑物消能要求时,常常需要通过加设各种各样形式不同的辅助消能工这一途径来解决,一般将消力墩、消力坎等作为底流消能工的辅助消能工。辅助消能工的设置能确保消力池安全稳定运行,减轻池内因流速过大而导致的空蚀破坏,提高消力池消能效果,有效改善池内恶劣水流条件及减小消力池尺寸。新型辅助消能工是在原有消力池内加设一种消能工或两种(或两种以上)消能工联合应用的消能形式,在水利工程中得到越来越广泛的应用。其作用是增加水流内部的流速梯度,通过水流与固体边界的摩擦与撞击,促使池中水流充分紊动、掺混、碰撞而产生强迫水跃,改变水跃形态,使水流流态得到改善并尽量在短距离内达到消能扩散的目的,从而提高消能效率,这已成为近年来新型消能工研究的一个方向。刘沛清等[2]结合前人试验资料,阐述了辅助消能工的作用及设计方法;王丽杰等[3]借助模型试验对宽尾墩-跌坎消力池水流流态等水力特性进行研究并取得较好成果;金瑾等[4]采用三维紊流数学模型对跌扩型底流消能工进行高精度数值模拟,得到了池内水流水力特性。底流消能中辅助消能工的结构样式、尺寸、布置形式不同,其发挥的作用也不相同,若辅助消能工设计得当,不仅可以减少开挖量、降低工程投资,还可以提高消能率,减小下游河道冲刷,改善下游河道流态;若选择不当,不仅起不到应有的作用,甚至会产生相反作用,危及消力池安全稳定运行。

1.2.2　挑流消能工

挑流消能工在高坝水利工程中应用最广。在挑流消能的消能工形式中,高速水流所挟带的巨大能量主要是通过两部分来耗散:一是将水流挑射到空中,利用空气摩擦进行消能;二是使水流跌落到下游冲刷形成的水垫塘中,通过水流的碰撞、旋滚耗散能量。挑流消能工的能量损失于坝面、空中和冲刷坑中,因此,选择合适的鼻坎坎顶高程、反弧半径和挑角等水力要素来获取最大挑距和最小冲坑深度,是挑流消能设计追求的目标。因挑流消能方式具有结构简单、工程量小、投资节省、便于维修等优点,常被应用于中、高水头水利枢纽中,但这种消能方式的缺点是对下游冲刷区的地质条件要求较高,因此采用此种消能方式时,需要注意下游形成的冲刷坑可能会威胁大坝、邻近建筑物及两岸岸坡的安全稳定。

为弥补和改善挑流消能方式的劣势,许多学者在研究挑流消能的总体布置形式和挑坎体型方面取得了不少创新成果,黄国兵等[5]针对三种不同坝型已建工程泄洪消能问题,将"表孔宽尾墩非对称收缩＋深孔下弯式窄缝非对称收缩＋水垫塘"、窄缝挑流阶梯式布置、表孔差动加分流齿与中孔不同挑角碰撞消能应用于隔河岩水电站、水布垭水电站和构皮滩水电站,成功解决了各工程存在的泄洪消能难题;付波等[6]通过物理模型优化新疆某水电站中大坝、溢洪洞等泄水建筑物体型和改善水力特性,妥善解决了因挑流消能而带来的下游河道冲刷淤积问题;张术彬等[7]通过五道库水电站 WES 实用堰溢流坝水工模型,对原设计方案中的堰面曲线和挑流鼻坎参数进行优化,优化后的水流流态、水面线、泄流能力、流速、时均压强和局部冲刷效果均得到了较好改善。

1.2.3 面流消能工

在传统消能方式中,面流消能工没有底流消能工和挑流消能工应用范围广,这主要是由于此种消能方式的适用条件有所限制:下游尾水水位比较稳定,且尾水水深略大于水跃消能的第二共轭水深;上下游水位差在合理的范围内,不能太大;岸坡具有良好稳定性及较强抗冲刷能力;在下游河床沿水流方向较大范围内允许出现波浪。面流消能工是将小挑角鼻坎与泄水建筑物的末端衔接,将高速下泄的水流主流挑至下游水面表层,主流在水面表层紊动扩散、坎下底部旋滚达到能量耗散目的的消能方式。坎下形成的底部旋滚区隔开了位于水面表层的主流和河床,减轻了水流对下游河床的冲刷力度。面流消能工具有结构简单、易施工且工程量小、冲刷河床力度较轻等优点,适用于单宽流量变化不明显和下游水深变幅小的中、低水头溢流泄洪建筑物。

面流消能工通常可分为戽式面流式消能和跌坎面流式消能两类,前者坎高较小、挑角较大,多用于基岩上水头较高的大、中型工程;后者坎高较大、挑角较小,多用于基岩或土基上水头较低的中、小型工程。我国采用面流消能工的工程有回龙山水电站(坝高 36 m,最大泄流量 12500 m³/s)、龚嘴水电站(坝高 56 m,最大泄流量 15800 m³/s)、西津水电站、富春江水电站、青铜峡水电站、郭家滩水电站、青溪水电站、洛东水电站等。

1.2.4 新型消能工

与传统布置的底流、挑流和面流消能方式不同,新型消能工是在泄洪消能建筑物中设置非单一形式的消能工联合消能,或是采用各种工程措施来增强消能效果,这种消能方式使局部范围内的水流剧烈冲击或突然扩散,以水流紊动剧烈作为消能的主要手段,通过水流大量掺气来增加消能效果。新型消能工因其自身优越性,在实际工程中有着广阔的应用前景和无限的开发潜能,如宽尾墩联合消能工、台阶式消能工、跌坎型底流消能工、悬栅消能工等,都在新型消能方式中占据着重要位置,解决了工程实际中许多泄洪消能难题。我国闸坝工程的修建推动了消能工迅速发展,许多水利学者对此进行了研究探讨并在消能防冲方面取得了较好成果,如宽尾墩联合消能工[8-10]、消能井等内消能工[11-13]、收缩式消能工[14]、台阶式消能工[15-17]、跌坎型底流消能工等。国内外已建成或正在研究的新型消能工有逆流消能[18-19]、粗糙坡面消能[20]、陡槽内齿墩消能[21]、多股多层水平淹没射流[22-24]等。

1.2.4.1　宽尾墩联合消能工

我国学者林秉南院士和龚振赢在 20 世纪 70 年代首创一种新型消能工——宽尾墩消能工,已经在安康、五强溪、隔河岩、百色等许多大型水利水电工程中得到了成功应用[25],并取得了显著的消能效果和经济效益。宽尾墩消能工具有增强消能和减蚀的特点,通过加宽闸墩尾部,使得坝面水流在堰顶形成横向收缩和纵向扩散,窄而高的收缩射流加强了水股射流的纵向分散和掺气程度,使下泄水流在消力池中借助剧烈掺气的水跃达到消能目的,消能率提高幅度较大,消力池池长至少可缩短 1/3,可减少工程量并节省工程投资。

宽尾墩联合消能工是在宽尾墩消能工发展基础上提出的,主要是将宽尾墩与其他消能工联合运用。在我国大、中、小型水利工程建设中相继出现宽尾墩与传统底流、挑流、戽流联合消能,宽尾墩和阶梯式坝面联合消能、宽尾墩与 T 形墩消力池联合消能等工程,使得宽尾墩联合消能工成功得到推广应用并解决了一些泄洪消能问题。如刘锦等[26]结合工程实例综述了新型宽尾墩联合运用原理及其在实际工程中的消能效果;张挺等[27]首次采用双方程紊流模型对宽尾墩与阶梯溢流坝联合消能的三维流场进行了数值模拟,得出了压力特性、流速分布、阶梯及宽尾墩墩后水气两相流的部分特性;潘艳华等[28]分析研究了宽尾墩和 T 形墩消力池联合消能形式,提出了具体计算方法并通过了工程实践验证。

1.2.4.2　台阶式消能工

台阶式消能工是一种新型消能工,通过陡槽面台阶增加了溢流槽面的"表面糙率",当水流经过台阶时产生落差形成跌流并掺入大量空气,能量经过水流分散、掺气及旋滚、剪切作用和强烈的掺混作用得到消耗和扩散,从而改善下游水流流态,总消能率为 70% ～ 90%,消能率较高、消能效果较好。关于台阶式消能工方面的研究,石教豪等[29]采用二维数值模拟技术对光面和台阶溢流坝的水面线、流速分布和消能率等进行分析,通过对比分析得出台阶溢流坝消能效果更好。前人对台阶溢洪道消能特性的研究多集中在台阶尺寸、布置形式和流态等方面,并没有考虑台阶自身体型的影响,田忠等[30]提出了 V 形台阶溢洪道的布置形式,借助三维数值模拟将 V 形和传统的一字形台阶溢洪道的消能特性进行研究对比,得出 V 形台阶后旋涡尺度小,中轴面上无旋涡产生,台阶面上产生三元水流等结论;金平水电站竖井溢洪道出口运用台阶式消能工,其消能率达 80% 以上,不仅对下游消能压力有所减轻,台阶上也未发生空蚀现象[31]。

1.2.4.3 跌坎型底流消能工

跌坎型底流消能工是能适用于高水头、大流量的一种新型消能工形式,已在国内外工程中得到应用。采用这种新型消能工,水流由常规消能的附壁射流变为淹没射流,水流经跌坎作用射程增加而形成淹没射流,主流在射流中心线上下形成旋涡和强烈剪切紊动。相对于常规底流消能工而言,跌坎型底流消能工能有效降低消力池临底水力参数,提高底流消能效率。跌坎型底流消力池泄洪形式在国内向家坝、官地和亭子口等水电站的应用颇具代表性。有关学者对跌坎型底流消能工消能机理及水力特性等方面进行了大量研究工作,如孙双科[32]、袁晓龙[33]等研究了跌坎高度及与跌坎相连的反弧段水仰角角度对跌坎型底流消能工水力特性和消能特性的影响;张强[34]、王海军[35]等对跌坎型底流消能工进行了理论研究并提出相关计算公式;李继聪[36]等对比研究了消力池、消力池与宽尾墩联合消能工和跌坎型底流消能工在溢流高坝中的应用效果,突出了跌坎型底流消能工的应用优势。

1.3 辅助消能工研究现状

因为低佛汝德数底流消能工的消能率通常较低,消力池工程量往往较大,因此,通常需要设置各种形式的辅助消能工[37-43]。辅助消能工的作用是使池中水流充分混掺、碰撞而产生强迫水跃,改变水跃形态,增加水流内部流速梯度,最终达到提高消能率的目的。一般而言,辅助消能工的体型及安放位置不同,消能效果也不同。但当入池水流流速不大于 18 m/s 时,通常可以加设各种形式的辅助消能工(如 T 形墩、消力墩、掺气分流墩、连续坎、尾坎等)。

1.3.1　T 形墩

T 形墩消力池是在冲击式消力池中加设辅助消能工——T 形墩[44-49]，印度设计的巴哈凡尼(Bhavani)坝是最早应用 T 形墩消力池的工程。20 世纪 70 年代后期，我国对湖南河溪电站、青海雪龙滩水电站、黑龙江桃山水库、吉林沙河子水库、杨柳水库、五道水库、河龙水电站、小石河水库等工程 T 形墩消力池进行对比试验，得出以下结论：①由于消力池内 T 形墩的作用，在 T 形墩前产生强迫水跃，造成水跃跃长大大减小，因而消力池的长度也随之减小，通常可使消力池池长缩短 1/3～1/2；②对尾水变幅的适应性增强，可降低尾水深度 10%～20%；③由于尾水深度有所降低，消力池消能率明显增大，消能效果显著；④消力池池长缩短，可节约工程成本，减少工程的投资。综上所述，T 形墩消力池是一种经济、安全可靠、消能效果好的消能结构形式。T 形墩由垂直水流的前墩、连接前墩与尾坎的支墩及连续尾坎三部分组成。研究人员通过分析巴哈凡尼坝和湖南三江口水电站 T 形墩体型，确定了 T 形墩的结构尺寸。其结构尺寸比例为前墩厚、前墩高、前墩宽、尾坎高、支腿长为 2∶3∶4∶5∶6，通过改变墩型系数 K 值来实现 T 形墩放大或缩小，T 形墩结构尺寸布置见图 1-1。李中枢等[50]对 T 形墩消力池的水力特性和不同体型等方面进行了试验研究，推导出 T 形墩消力池的消能率、阻力系数、共轭比、墩位、墩坎反力及池长等计算式，为 T 形墩消力池的水工设计提供了参考。江锋等[51]通过对青海雪龙滩水电站底流消能进行模拟试验，对 T 形墩消力池的消能效果、水流流态、结构尺寸及压力分布等进行了研究，通过比较分析整体与断面模型试验成果，得出 T 形墩消力池的消能率计算公式与设计方法。

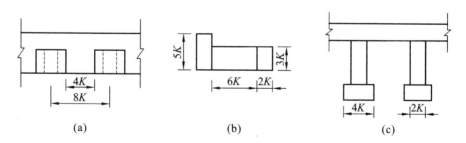

图 1-1　T 形墩结构尺寸布置

(a)立面图；(b)侧面图；(c)平面图

1.3.2　消力墩

消力墩作为消力池中的一种冲击式辅助消能工[52-53],根据不同体型有梯形消力墩、迎水面垂直的消力墩、顶角120°的消力墩等。在消力池中,设置消力墩可以实现稳定水跃,减少水跃表面波动,加强水流的紊动、耗散以促进消能的作用。消力墩安放位置不同,会达到不同的消能效果。当消力墩设在消力池前部时,会使流速梯度增大,消力墩距离池上游坡脚越近,涌浪就越高;当消力墩在池中部时,由于冲击射流的作用形成强迫水跃,导致共轭水深降低,池长缩短,水流扩散能力增强;如果将消力墩安放在跃尾,则下游流速分布得到改善,河床的冲刷程度明显减轻。消力墩的阻塞率既不宜过大,也不宜过小:过大,消力墩相当于实体坎的作用;过小,则起不到作用。研究结果表明,比较适宜的消力墩阻塞率为50％～55％。消力墩通常采用2～3排交错布置的方式。消力墩两侧及下游附近易产生负压区,特别当入池流速很高时,负压区会产生严重气蚀破坏,因此,一般其入池流速宜限制在 $v_1<16$ m/s。但是,原本为减轻气蚀破坏而设置的流线型消力墩,有无必要设置,各方认识不一。研究表明,流线型消力墩的阻力系数甚小,消能作用不大,在这一点上,是没有多大分歧的。花立峰[54]通过对某大型水利枢纽工程中孔泄洪洞进行试验研究,提出一种体型简单、消能效果好、方便施工的联合消能形式——"消力墩-T形墩-消能塘",实现了各辅助消能工消能效果的叠加,成功解决了泄水建筑物泄洪消能技术难题。吴宇峰[55]通过改变消力池中消力墩的位置来研究消力墩对水跃跃长的影响,研究结果表明:在相同条件下,消力池内前排消力墩对水跃长度的影响比后排消力墩的影响大。消力墩结构布置见图1-2。

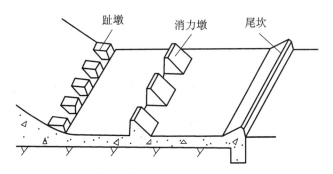

图1-2　消力墩结构布置

1.3.3　掺气分流墩

20 世纪 70 年代末,为解决柘林水电站泄洪洞消力池的气蚀问题,西安理工大学相关研究人员提出了一种新型的辅助消能工——掺气分流墩[56-60],其由侧墙挑坎、水平掺气坎以及若干个掺气分流墩等部分组成。掺气分流墩的作用是将水流分成很多股,使水流在纵向、竖向充分掺气、扩散,在空中增加消能量,通过增大水股和水垫的剪切面积及入水面积,从而增加掺气并提高消能效果。吕欣欣等[61]通过比较设置掺气分流墩的消力池和设置其他消能工的消力池的消能效果,得出以下结论:分流墩可以提高消能效果,但因其在水流条件上有特定要求,所以其使用有一定的局限性。张宗孝等[62]采用附加射流水跃理论,分析了掺气分流墩与消力池联合应用时的消能机理,最终得出:掺气分流墩的置入可增加消能作用,使经济效益更加显著,达到预期的效果。张志昌等[63]通过分析与研究,得出掺气分流墩的最优收缩比为 0.5~0.7。

1.3.4　其他辅助消能工

常见的尾坎基本体型有:差动尾坎、垂直尾坎及反坡式尾坎等。设置尾坎后,通过水跃区内尾坎强烈的反击作用,可降低水跃共轭水深。对不同的工程,应根据具体入流条件确定采用何种尾坎形式。如在收缩断面附近设置消力墩,若墩间流速较大,超过 15 m/s,则有可能产生空蚀破坏,这时可将 T 形墩与尾坎连在一起,布置在远离收缩断面处,既可避开流速较大部位,又可增加 T 形墩的受力结构强度,不易产生空蚀、空化破坏。

趾墩是建在消力池进口斜坡段坡脚的墩形辅助消能工。在消力池上游陡坡上布置趾墩后,可缩短水跃跃长和降低跃后断面水深。趾墩能提高消能效果,主要是利用墩体使泄水道变窄,从而使高速水流在纵向扩散,形成多股射流,通过增大趾墩墩高比与收缩比,使沿垂直泄槽方向射流的厚度成倍增加,水流在横断面上得到充分扩散,成为一个整体。顶部经扩散后的水舌,在空中不断掺气、碎裂、混掺,导致水舌的断面面积增加,消能效果更加明显。掺气充分的水舌射入消力池内进行水跃消能,在消力池中形成多股小尺度三元旋涡,通过互相掺混的三元水跃作用,与其相对应的第二共轭水深降低,将原来远驱式水跃转变为淹没式水跃。消力池的消能率得到显著提高,达到缩短消力池池长与减小池深的目的。

工程上往往联合运用多种辅助消能工,并与传统消力池相结合组成综合式消力池。综合式消力池充分展现了各辅助消能工的水力特性,发挥其群体效应,实现其消能效果的叠加。与单一模式消力池相比,这种综合式消力池具有显著优点。同时,各种辅助消能工的设置部位不同及组合方式不同,将直接影响该综合式消力池的消能效果和水流流态。

1.4 悬栅消能工的提出及研究进展

陡坡弯道产生的急流会对水利工程的安全运行带来严重后果,1996 年为解决新疆叶尔羌河卡群一级水电站泄水陡槽在过流中存在的严重泄流问题,新疆农业大学水利与土木工程学院水工实验室研究人员通过模型试验获得了一种新型消能工——悬栅消能工,悬栅与悬板栅"消、导"结合,消除了陡坡弯道急流冲击波,试验效果显著,已成功应用于卡群一级水电站实际工程中[64]。

目前已有许多有关陡坡急流悬栅消能工的试验研究,侯杰等[65]围绕陡坡悬栅流场,研究了流量、栅条高度与间距等对水流流态、流速和压力分布、水面线等水力特性的影响;成军[66]进一步采用毕托管和二维激光测速仪对陡坡悬栅流场进行较详细的测量,通过悬栅流场特性揭示了悬栅水力特性并分析了消能机理;张建民等[67-68]借助多普勒激光仪测试悬栅周边流场,得出悬栅消能显著降低凹岸水深等消能特性;邱秀云等[69-70]将投影寻踪回归分析 PPR 技术应用到陡坡悬栅中,得出悬栅消能率影响因子大小排序,通过多因子仿真优化组合,针对具体流量范围提出了最优组合结构尺寸范围。

在陡坡悬栅消能工成功应用于工程实践的基础上,邱秀云等[71]拓宽了悬栅的应用范围,将悬栅与无压隧洞内消力池联合使用,在新疆吉林台一级水电站引水隧洞水力学模型试验消力池中布置消能悬栅,通过试验研究证明了悬栅的置入能增大消力池内掺气浓度,并起到破碎水跃表面波浪的作用,从而削弱池中因水波而引发的下游洞内涌浪,消耗大量的机械能,使消能率整体提高,最大提高幅度达 15.10%,最高消能率达 95.14%,是洞内消能工消能率较高的一种消能方式;李凤兰等[72-74]在此基础上,通过物理模型试验对无压引水隧洞内悬栅消力池的消能特性、池内水深和下游涌浪变化进行了详细研究分析。

　　吴战营等[75-78]以新疆迪那河五一水库为例,通过对五一水库导流洞进行模拟试验,发现布设悬栅后的消力池水流流态较未布置悬栅的消力池水流流态有很大改善,池内水深明显降低。通过设置悬栅解决了原设计方案在设计水位流量及校核水位流量条件下进行泄流时,消力池内水流紊乱、水流溢出严重等问题,因此提出消力池内布置悬栅消能工的研究课题。

2　水库导流洞消力池试验研究及数值模拟

2.1　导流洞消力池内悬栅模型试验

2.1.1　工程概述

迪那河五一水库枢纽工程位于新疆巴音郭楞蒙古自治州轮台县群巴克乡境内,距轮台县以北 40 km,是迪那河干流上具有工业供水、防洪、灌溉等综合效益的控制性工程。

该水库枢纽工程由大坝、溢洪洞、导流兼泄洪洞、发电洞和供水管线等组成,总库容 0.995 亿 m³,调节库容 0.591 亿 m³,为不完全年调节水库。最大坝高 102.50 m,水库正常蓄水位 1370.00 m,设计洪水位 1370.69 m,校核洪水位 1373.17 m。导流泄洪排沙洞前期作为导流洞,后期作为永久泄洪排沙洞,布置在左岸,导流兼泄洪排沙洞采用工作门竖井前为有压洞、工作门竖井后为无压洞的布置形式,由进口引渠段、事故门闸井段、压力隧洞段、工作门闸井段,以及无压隧洞段、扩散段、出口消能段及护坦段组成。初期导流最高水位 1321.29 m,后期导流最高水位 1334.26 m。设计洪水位下,导流隧洞泄流量 758.48 m³/s;校核洪水位下,导流隧洞泄流量 773.18 m³/s。导流隧洞采用塔式进水口,分为有压段和无压段两部分,平板检修钢闸门,弧形工作钢闸门。隧洞进口底板高程 1292.50 m,长 92.461 m,底宽 6.5 m,为复式梯形断面。出口底板高程 1284.40 m,隧洞形式采用城门洞型,隧洞宽 6.5 m,直墙高 6.3 m,拱圈半径 4.5 m,导流洞出口设置消力池消能。消力池底部高程为 1275 m,边墙高 18 m,消力池深度为 8.4 m、宽度为 16 m。消力池为现浇钢筋混凝土结构,原设计方案消力池结构尺寸见图 2-1。

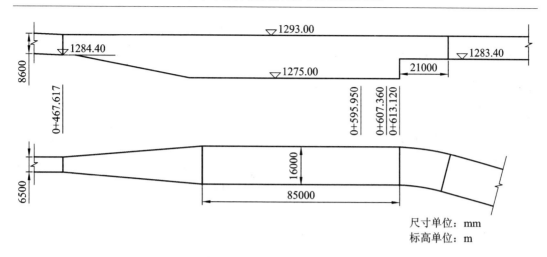

图 2-1　原设计方案消力池结构尺寸

2.1.2　试验设计

模型按照重力相似准则设计,根据试验内容、供水以及场地等条件,同时考虑到导流洞模型有机玻璃板标准尺寸问题,模型几何比尺 $\lambda_l = 54.167$,模型模拟长度为 1340 m,其中枢纽坝轴线上游 460 m,为定床模型;坝轴线下游 880 m,其中导流洞出口末端以后为动床模型,长 500 m。模型总长 25 m,坝轴线以上平均宽度为 6 m,坝下游平均宽度为 2 m。模型设计中相关物理量的主要比尺见表 2-1,导流洞消力池试验工况见表 2-2。

表 2-1　模型的主要比尺

比尺名称	比尺关系	比尺数值
几何比尺	λ_l	54.167
流量比尺	$\lambda_Q = \lambda_l^{5/2}$	21594
流速比尺	$\lambda_v = \lambda_l^{1/2}$	7.36
糙率比尺	$\lambda_n = \lambda_l^{1/6}$	1.945
时间比尺	$\lambda_t = \lambda_l^{1/2}$	7.36

表 2-2　导流洞消力池试验工况

设计洪水频率	特征水位(m)		导流洞泄流量(m³/s)
$P = 5\%$	初期导流	1321.29	402.86
$P = 2\%$	后期导流	1334.26	474.97
$P = 1\%$	设计洪水位	1370.69	758.48
$P = 0.05\%$	校核洪水位	1373.17	773.18

模型严格按照几何相似准则缩制,采用有机玻璃板制作溢洪洞、导流兼泄洪洞等泄水构筑物,坝体部分采用混凝土制作,下游河道边岸部分为混凝土固定边界,以满足模型糙率与原型相似的要求,其余采用天然沙制作动床,悬栅用聚氯乙烯制成。

导流兼泄洪洞消力池内沿程水深采用水位测针量测,消力池内流速采用南京水利水电科学院研制的光电流速仪量测。全部试验采用数码照相机及录像机记录关键试验内容,并用计算机处理试验结果。

2.1.3　原设计方案消力池试验

原设计方案在设计水位流量及校核水位流量条件下进行泄流试验时,消力池(池长 85 m、池宽 16 m、池边墙高 18 m)内水流紊乱,波动很大,水跃前后摆动较大,水流溢出严重,设计水位和校核水位下消力池水流流态见图 2-2。

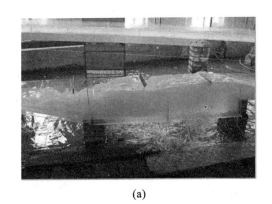
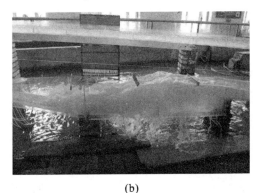

(a)　　　　　　　　　　　　　　(b)

图 2-2　不同水位下原消力池流态

(a)设计水位(1370.69 m);(b)校核水位(1373.17 m)

2.1.4　消力池内布设悬栅试验

由于工程现场地形条件的制约,在消力池底部不能加辅助消能工。为了达到提高消能效果和改善水流流态的目的,制定了消力池加悬栅、池后变坡的修改方案。以消力池加 16 根栅条为例,后 10 根直栅条距离池底高度 10 m,栅条间距 5 m,前 6 根直栅条距离池底高度依次为 6.3 m、6.9 m、7 m、7 m、8 m、9 m,栅条高度 1.6 m,宽度 1.0 m。针对小流量时水跃跃前断面靠前的问题,在前面又加了 1 根栅条,同时把前面的 6～7 个栅条方向做了调整,悬栅消力池修改方案体型布置见图 2-3,悬栅消力池修改方案见表 2-3。

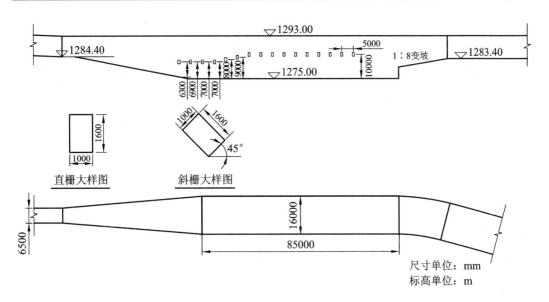

图 2-3 悬栅消力池修改方案体型布置

表 2-3 悬栅消力池修改方案

方案编号	悬栅数量	悬栅位置
1	16	直放
2	16	斜放
3	17	直放
4	17	斜放

2.1.4.1 悬栅数量及位置对比试验

在不同工况下,通过改变悬栅的位置、数量进行不同试验。不同方案下流量与跃前断面距隧洞出口的距离之间的关系见表 2-4。

表 2-4 不同方案下流量与跃前断面距隧洞出口的距离之间的关系(单位:m)

方案	流量(m³/s)			
	402.86	474.97	758.48	773.18
方案 1	23.3	25.5	60.5	60.5
方案 2	22.7	25.1	60.5	60.5
方案 3	24	30.2	60.5	60.5
方案 4	23.6	29.5	60.5	60.5

由表 2-4 可以看出,在流量较小时(402.86 m³/s,474.97 m³/s),由于池内水深较大,水跃跃前断面基本在渥奇段中部,通过加栅条使跃前断面后移的作

用不大,但此时水流波动较小,水流流态较好。流量为 758.48 m³/s 时,加 17 根栅条的影响较大,水跃跃前断面明显后移。但流量在 758.48 m³/s 以上时,加 16 根栅条就能满足要求。在不同流量情况下调整栅条角度的试验表明,在不同流量条件下,角度的变化对水跃位置及水流流态的改变不大。经过对比上述消力池修改方案试验,最终确定为加 17 根直悬栅,悬栅间距 5 m,后 10 根悬栅距离池底 10 m,前 7 根悬栅距离池底的距离依次为 5.4 m、6.3 m、6.9 m、7 m、7 m、8 m、9 m,池后采用 1∶8 进行变坡、降低护坦 0.9 m 的优化方案。优化方案下的消力池水流流态较原设计方案有很大改善,池内水深明显降低,在设计水位下,消力池内最大水深由原来的 19.4 m 下降至 17.3 m;在校核水位下,消力池内最大水深由原来的 19.7 m 下降至 18.6 m。在设计水位下,悬栅消力池与原消力池内水面线见图 2-4。

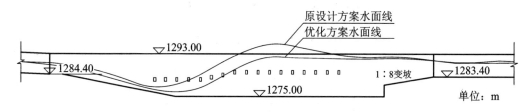

图 2-4   悬栅消力池与原消力池内水面线

2.1.4.2   消能率的计算

在不同流量下,对消力池(原设计方案)和悬栅消力池(优化方案)的消能率进行计算、分析。注意,消力池和悬栅消力池的消能率对比均在同一工况下进行。消能率 η 计算公式如下:

$$\eta = \frac{\Delta E}{E_1}$$

其中:

$$\Delta E = E_1 - E_2$$

$$E_1 = h_1 + a + \frac{v_1^2}{2g}$$

$$E_2 = h_2 + \frac{v_2^2}{2g}$$

式中 h_1,h_2——来流、出口断面的水深;

E_1,E_2——来流、出口断面的水流总能量;

ΔE——消力池段的消能量;

a——消力池进、出口的高程差值，取 $a=1.9\ \mathrm{m}$；

v_1,v_2——来流、出口断面平均流速；

g——重力加速度。

由计算可知，消力池的消能率对比见表2-5。

表 2-5　消力池的消能率对比

流量(m^3/s)			402.86		474.97		758.48		773.18	
方案			原设计	优化	原设计	优化	原设计	优化	原设计	优化
来流断面	水深 h_1(m)		3.85	3.70	3.92	3.67	4.32	4.12	4.53	4.26
	平均流速 v_1(m/s)		16.12	16.74	18.64	19.91	27.04	28.35	26.23	27.91
	断面能量 E_1		19.00	19.91	23.54	25.80	43.52	47.01	41.54	45.91
出口断面	水深 h_2(m)		8.13	7.90	8.40	8.20	9.32	6.61	9.88	6.66
	平均流速 v_2(m/s)		3.10	3.18	3.53	3.62	5.09	7.17	4.89	7.26
	断面能量 E_2		8.62	8.43	9.04	8.87	10.64	9.23	11.10	9.34
消能率(%)			55	58	62	66	76	80	73	80

由表2-5可知，随着消力池内流量的增加，消力池的消能率也逐步增大，在设计水位和校核水位下消能率都能达到80%。优化方案同原方案相比，其消能率提高了3%～7%，提高了消能效果，消力池内水流波动较小，流态较好。悬栅的设置，使水流内部结构经历剧烈的改变和再调整，消耗大量的机械能，提高了消能率，降低了消力池的水深，改善了水流流态。水流沿栅条固体边界流动时，受栅条边壁的摩阻作用，还有水流冲击到栅条上产生的反作用力，都不同程度地产生剪切、紊动及旋涡，使水流急剧扩散与收缩，这就是机械能被消耗的主要原因。同时，水流穿过栅条形成一个水跃旋滚区，水跃旋滚区的水流与其附近的水流产生强烈的碰撞、剪切、混掺，这就是机械能被消耗的次要原因。

2.2　导流洞悬栅消力池数值模拟

2.2.1　数值模拟技术的意义

数值模拟技术近年来已被广泛应用到工程实践中[87-88]。由于悬栅消力池内流场紊乱，流态非常复杂，很难通过现有的物理模型试验手段详细了解其内部的水流特性。而采用数值模拟技术能够得到悬栅消力池内流场的整个变化过程,如池内水面线变化、流速分布、压强分布、旋涡的大小和范围、流线、迹线、悬栅表面压强值等水力学物理量,从而为消力池设置合理的掺气减蚀措施及结构受力分析计算提供参考。另外,数值模拟手段还具有节省时间、变更试验方案方便、节约财力、无比尺效应等优点。因此,数值模拟技术在研究消力池流场和消能特性方面与物理模型试验相比具有一定优势。

2.2.2 紊流数值模拟方法

紊流流动作为自然界最常见的流动形式,是一种高度非线性的复杂流动。在水利工程中,多数流动都是紊流流动。通过求解连续性方程及 N-S 方程,可以得到紊流的各项运动要素,包括流体的压力、速度等。目前,研究紊流的数值方法包括直接数值模拟、大涡模拟、雷诺平均法等。

由于直接数值模拟需要计算机具有较大的内存空间和相当快的计算速度,目前大多数计算机的水平还未达到应用于工程计算的要求。只有个别使用超级计算机的学者才能进行此类计算与研究。大涡模拟是在对涡旋学说认识不断加深的基础上产生的,虽然此方法对计算机 CPU 速度和内存空间仍有较高的要求,但与直接数值模拟方法相比,要求比较低。因此,近年来有关学者对大涡模拟的探索与研究较多。雷诺平均法的思想是对非稳态 N-S 方程的时间项进行平均处理,在控制方程被时均化处理后,方程新增了未知量,使得未知量的数量多于变换后方程的数量。如果对控制方程再进行时均化处理,也不可能满足方程封闭的要求,故要使方程满足封闭要求,只能通过提出假设、建立模型的方式去实现。这种模型的核心是把更高阶的未知时均值表示成较低阶计算中可以确定的量的函数。但由于缺乏用来建立紊流模型特定的物理定律,所以目前的紊流模型都是以大量实测结果为基础的。

2.2.3 紊流数值模拟的基本模型

2.2.3.1 零方程模型

零方程模型是指用代数关系式替代微分方程,将时均值与紊流黏性系数联系起来的模型。零方程模型包括:混合长度模型(Prandtl L,1925)、紊流黏性模型(Boussinesq J V,1877)、紊动局部相似模型(Vonkarman,1930)和涡量传递模型(Taylor G I,1932)等。零方程模型的主要缺点:当某一位置速度梯度为零时,零方程模型将给出此位置紊流切应力为零的错误结论;零方程模型没有考虑紊动量的输运、扩散和对流因素。因此,尽管零方程模型有部分成功应用的案例,但其缺少通用性。为了使零方程模型应用到较复杂的流动情况中,一些学者试图对零方程模型进行改进,但获得成功的很少。

2.2.3.2 单方程模型

有关学者在时均方程和连续方程之外,又增加了一个微分方程,组成单方程模型,希望能够弥补零方程模型存在的缺陷。这个微分方程可以选择紊动能 k 或黏性系数,但工程上通常使用 k 方程作为新增的微分方程。Bradshew[89]和 Kovaszkay[90]对单方程模型进行了较多的研究,但是仍没有解决长度标尺 L 的问题。在工程实际中,长度标尺 L 只能采用经验或半经验公式来确定,导致单方程模型的精度下降,其通用性受到限制,因此,单方程模型也很难在工程中得到推广应用。

2.2.3.3 双方程模型

k-ε 模型是一种实际应用性广、方程形式简单的双方程模型,能够对许多剪切型水流和回流进行成功预测。但是模型中的经验常数通用性比较差,这是 k-ε 模型难以克服的缺陷。有关学者通过对标准 k-ε 模型进行修正,来克服模型自身缺陷。目前,工程上常采用的是 RNG k-ε 模型。

Orzag 和 Yakhot 共同提出了 RNG k-ε 模型,他们在理论上推导出高雷诺数 k-ε 模型。与标准 k-ε 模型相比,RNG k-ε 模型的不同之处在于:方程中的常数不是用试验方法确定,而是由理论推导得出;通过修正紊流黏性系数,考虑了平均流动中的旋流流动和旋转情况的影响;因为耗散方程中存在平均应变率对耗散项的影响系数,所以 RNG k-ε 模型能较好地模拟各向异性的高速射流[64],可以更好地处理流线弯曲程度较大和应变率高的流动情况。

2.2.3.4 雷诺应力方程模型(RSM)

雷诺应力方程模型并没有采用涡黏性假设,而是直接建立了与雷诺应力有关的微分输运方程。与 k-ε 模型相比,其应用范围更广,包含的物理机理更复杂。经对比发现,在计算各向异性较强的紊流输运流动和突扩流动时,RSM 模型的计算结果明显优于双方程模型。但是一般的回流流动中,采用 k-ε 模型获得的结果可能比 RSM 好。此外,这套模型要求解满足微分方程的所有分量,而且还要求解 k-ε 方程,由于求解的方程数过多,不仅增加了计算量,还提高了对计算机容量的要求,因此,RSM 模型在工程应用实践中受到一定的限制。

2.2.4　自由表面的模拟方法

水利工程中的流动很多都具有自由表面,在数值计算中采用何种方法对自由表面进行模拟是一个重要的问题。由于自由表面的边界条件具有随时间不断变化的特点,所以其具体位置很难确定,给划分计算网格和模拟自由表面等带来很大困难。多位学者经过理论研究和工程应用实践,探索出了多种模拟自由表面的方法。

2.2.4.1　刚盖假定

刚盖假定是假设自由表面的位置不会随时间变化而变化,把自由表面当作一个不变形的刚性盖,然后再对其进行网格划分和计算。很明显此种假定与流体的客观真实运动条件不相符,对流体的运动很难作出精确描述。但在自由表面位置随时间变化较小的情况下,其计算结果比较符合要求,而且其形式非常简单,因此被广泛应用于工程实践中。

在恒定流模型中,很多都采用刚盖近似法。这种方法是将自由表面看成对称面,根据对称面给出相应的边界条件,即各特征量的法向梯度和法向速度为零,把自由表面的形状改成一个平面。显然,这种方法适用于自由表面位置已知且较平缓的情况,但对于自由表面起伏变化较大的,刚盖近似法存在较大的误差。就此,许唯临和杨永全为了解决起伏自由表面的流场中计算域未知的问题,于1990年提出了一种刚盖近似法的改进方法,即弹性盖法。

2.2.4.2　高度函数法

高度函数法是一种通过求解深度平均方程,得到沿程水深的变化情况,从而得到沿程自由表面位置的方法,但其要求水深方程一定是单值函数。高度函数法的优点是计算简单。此方法对非恒定自由表面问题都适用,但对如波浪破碎、射流等以高度函数为坐标的多值函数的情况不适用。

2.2.4.3　标记网格法(Marker-and-Cell Method,MAC法)

标记网格法主要是采用一组没有体积、不含质量的标记点随流体一起运动,以达到追踪自由表面的目的。这些标记点自身并没有直接参与计算,在计算中只是起到指明哪些单元处于流体中,哪些单元位于自由表面上的作用。其最大优点在于可以处理坐标多值函数的自由表面问题,能将带自由表面水流的沿程流态变化采用动画技术具体、生动地描绘出来,这一特点对于精确实现水利工程中一些复杂的水流现象的数值模拟具有重要理论和实用价值。该方法的优点是可以较好地对含自由表面的不可压缩流体运动进行模拟;缺点是计算过程中不易收敛,且标记点在追踪整个流场的过程中,计算机需要花费大量的运行时间,计算的经济成本较高。

2.2.4.4　VOF 法(Volume of Fluid Method)

VOF 法是在 MAC 法的基础上逐渐发展起来的一种应用于固定欧拉网格上的表面跟踪技术[65]。与 MAC 法中对整个流场进行标记的做法不同,VOF 法只跟踪自由表面,该法由 Hirt 和 Nichols 于 1975 年提出。该法的核心思想是,引入一个体积函数 $F(x,y,z,t)$ 的概念,体积函数 $F(x,y,z,t)$ 表示计算区域内某流体体积与计算区域体积的相对比例关系。若某流体占满整个计算区域,则它的体积分数 $F=1$;若整个计算区域内没有该流体,则它的体积分数 $F=0$。在一种液体与其他液体的交界面 $F\in(0,1)$,它会随着流体质点的运动而变化,可通过各单元内流体体积的比例确定其具体数值。由于此法用体积函数 F 代替了所有标记点,因此,可以大量节省计算机内存和计算时间。

所有流体之间不能相互贯穿或互溶,这是采用 VOF 模型进行数值模拟的前提条件。因为所有流体共用一组 t 方程,在整个计算区域内对各计算单元中各流体的体积分数进行跟踪。每增加一种液体,模型就会引入该液体的体积分数。对于每个控制体而言,各项体积分数之和必须恒为 1。只要每个位置每一项的体积分数已知,那么任何给定的网格中的变量和特性,要么代表的是某一种液体,要么代表的是几种液体的混合。VOF 模型适用于自由表面流动、分层流动、溃坝水流、液体中的大气泡运动、射流破碎,以及任何液-气界面的稳定或瞬时跟踪。

2.2.5　导流洞悬栅消力池数值模拟方案设计

为了找出悬栅消力池中悬栅的最佳排列组合方式,寻求悬栅消能的规律,在物理模型试验最终方案的基础上,通过改变消力池内悬栅的体型、设置高度、栅条间距中的某一个变量,设计了 9 个数值模拟方案。每个方案分别在小流量 200.00 m³/s、后导流量 474.97 m³/s、校核流量 773.18 m³/s 的条件下进行了 27 组数值模拟计算。数值模拟试验方案设计见表 2-6。

表 2-6　数值模拟试验方案设计

方案	流量(m³/s)	栅条数量	体型	悬栅高度	悬栅间距
1	200.00 474.97 773.18	17	楔形	不变	5 m
2	200.00 474.97 773.18	17	矩形	前 6 根不变 后 11 根 9 m	5 m
3	200.00 474.97 773.18	17	矩形	前 5 根不变 后 12 根 8 m	5 m
4	200.00 474.97 773.18	17	矩形	前 3 根不变 后 14 根 7 m	5 m
5	200.00 474.97 773.18	17	矩形	前 1 根不变 后 16 根 6.3 m	5 m
6	200.00 474.97 773.18	47	矩形	前 9 根不变 后 38 根 10 m	2 m
7	200.00 474.97 773.18	32	矩形	前 7 根不变 后 25 根 10 m	3 m
8	200.00 474.97 773.18	37	矩形	前 9 根不变 后 28 根 10 m	前 16 根 2 m 后 21 根 3 m
9	200.00 474.97 773.18	42	矩形	前 9 根不变 后 33 根 10 m	前 11 根 3 m 后 31 根 2 m

2.2.6　悬栅消力池数值模拟正确性验证

为了验证悬栅消力池数值模拟计算的正确性,提高其计算结果的可信度,在校核流量($Q=773.18$ m³/s)条件下,以导流兼排沙洞消力池最终方案(17 根悬栅)为例,利用流体力学计算软件 FLUENT 建立悬栅消力池三维数学模型,并将数值模拟计算的水面高程、底板压强、特征断面平均流速、水面涌浪高度等与物理模型试验数据进行比较。

2.2.6.1 数学模型

在紊流模型中,采用 Orzag 和 Yakhot 建立的 RNG k-ε 紊流数学模型,其考虑了平均流动中的旋流流动和旋转情况的影响,可以更好地处理流线弯曲程度较大和应变率高的流动情况,使模型的精度有很大提高。其连续方程、动量方程和 k、ε 方程如下所示:

连续方程:

$$\frac{\partial u_j}{\partial x_j} = 0 \tag{2-1}$$

动量方程:

$$\frac{\partial u_i}{\partial t} + u_j \frac{\partial u_i}{\partial x_j} = -\frac{1}{\rho}\frac{\partial p}{\partial x_i} + \nu \frac{\partial^2 u_i}{\partial x_j^2} + \frac{\partial}{\partial x_j}\left[\nu_\tau\left(\frac{\partial u_i}{\partial x_j} + \frac{\partial u_j}{\partial x_i}\right)\right] - g_i \tag{2-2}$$

紊动能 k 方程:

$$\frac{\partial k}{\partial t} + u_j \frac{\partial k}{\partial x_j} = \frac{\partial}{\partial x_j}\left[\left(\frac{\nu + \nu_\tau}{\sigma_k}\right)\frac{\partial k}{\partial x_j}\right] + G_k - \varepsilon \tag{2-3}$$

紊动能耗散率 ε 方程:

$$\frac{\partial \varepsilon}{\partial t} + u_j \frac{\partial \varepsilon}{\partial x_j} = \frac{\partial}{\partial x_j}\left[\left(\frac{\nu + \nu_\tau}{\sigma_\varepsilon}\right)\frac{\partial \varepsilon}{\partial x_j}\right] + C_{\varepsilon 1} G_k - C_{\varepsilon 2}\frac{\varepsilon^2}{k} \tag{2-4}$$

式中　t——时间;

u_i, u_j, x_i, x_j——速度分量与坐标分量,$i = 1、2、3$,分别表示 x、y、z 三个方向;

ν, ν_τ——运动黏性系数与紊动黏性系数;

ρ——密度;

p——液体压力;

g_i——重力加速度;

G_k——平均速度梯度引起的湍流动能。

以上方程中,模型常数 $C_{\varepsilon 1} = 1.44$,$C_{\varepsilon 2} = 1.92$,$\sigma_k = 1.0$,$\sigma_\varepsilon = 1.3$。

对自由表面的处理,采用数值模拟中常用的 VOF 模型。采用有限体积法对控制方程组进行离散,离散方程组采用欠松弛迭代方法求解。

2.2.6.2 计算网格划分及边界条件处理

利用流体力学计算软件 FLUENT,建立悬栅消力池三维数学模型,模拟区域桩号范围:0+467.617 m~0+682.085 m。在进行模型网格划分时,采用六面体结构化网格,网格单元数81616个。进口边界采用速度进口,其值通过实测流量换算成进口流速。出口边界设定为压力出口,其总压强为大气压强。上边界采用压力进口边界,其总压强为大气压强。湍流近壁区采用标准壁面函数进行处理,壁面采用无滑移条件。悬栅消力池计算区域网格划分见图2-5。

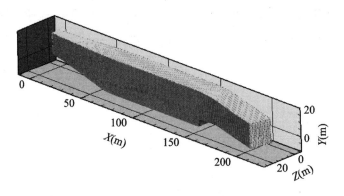

图 2-5　悬栅消力池计算区域网格划分

2.2.6.3　水面高程

自由水面线作为一项水力要素,在工程设计及正常运行中起着重要作用。图2-6所示为校核水位条件下数值模拟计算水面高程与模型试验值的比较。由图2-6可知,数值模拟计算结果与模型试验值基本吻合,两者误差在0.25 m以内,误差小于5%。在消力池末端由于消力池坎高的作用,导致水面有一定的涌浪高度,这与模型试验结果一致。

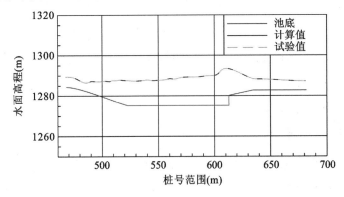

图 2-6　校核水位条件下数值模拟计算水面高程与模型试验值对比

2.2.6.4　底板压强

实际工程中底板压强决定着建筑物底板及边墙的设计荷载,同时,在压强较小和出现负压的地方容易发生空化、空蚀破坏现象,因此,底板压强是一项重要的测量指标。图 2-7 所示为校核工况下数值模拟计算底板压强与模型试验值对比。结果表明,数值模拟计算底板压强与模型试验值吻合较好,在悬栅消力池内均无负压出现,不会引起空蚀、空化破坏,保证了消力池的安全运行。

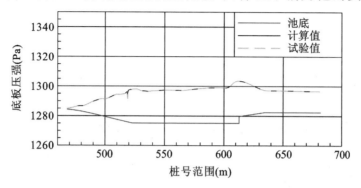

图 2-7　校核工况下数值模拟计算底板压强与模型试验值对比

2.2.6.5　特征断面平均流速

图 2-8 所示为悬栅消力池特征断面中轴线 2/3 水深处流速分布。由图 2-8 可知,消力池内最大流速发生在消力池起始端桩号为 $0+467.617$ m 处,水流进入消力池内,经过水跃和悬栅消能,流速逐渐降低。数值模拟计算断面平均流速与模型试验数据基本一致,在消力池末端由于水面的下降,导致计算值与实测值存在一定误差,但误差都小于 5%。

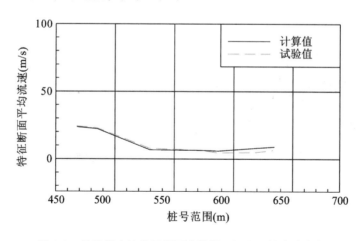

图 2-8　悬栅消力池特征断面中轴线 2/3 水深处流速分布

2.2.6.6　水面涌浪高度

试验模拟了在不同流量下,原消力池与悬栅消力池内水流流场。在同一流量、相同位置处,分析比较了原消力池与最终方案悬栅消力池内水面的涌浪高度。计算结果表明,悬栅消力池最大涌浪发生在消力池末端桩号 $0+613.120$ m 处,不同流量下消力池末端 0+613.120 m 处水面涌浪见图 2-9、图 2-10、图 2-11。在流量较小，为 200.00 m³/s 时，原消力池与悬栅消力池水面波动较小，悬栅对平稳水流作用不大；但在大流量时，尤其是校核流量 773.18 m³/s 条件下，悬栅的置入能够很好地平稳水流，降低水面的涌浪高度，最大降幅达到 2.1 m，可以降低边墙高度，大大缩减工程投资，为工程安全运行提供保障。

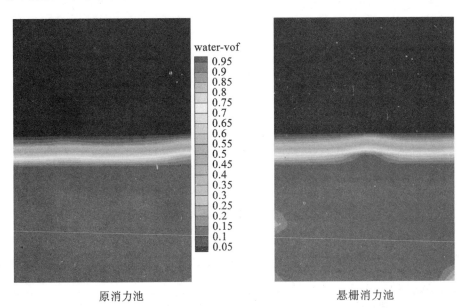

原消力池　　　　　　　　　　　　　悬栅消力池

图 2-9　小流量 200.00 m³/s 条件下消力池末端 0+613.120 m 处水面涌浪

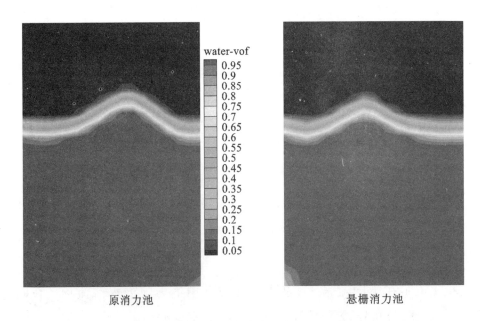

原消力池　　　　　　　　　　　　　悬栅消力池

图 2-10　中流量 474.97 m³/s 条件下消力池末端 0+613.120 m 处水面涌浪

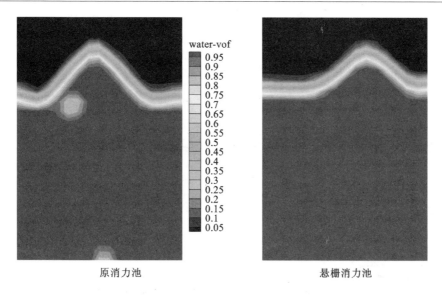

原消力池　　　　　　　　　　　　悬栅消力池

图 2-11　大流量 773.18 m³/s **条件下消力池末端** 0+613.120 m **处水面涌浪**

2.2.6.7　栅条流场分析

在各级流量下,消力池内前 6 根栅条的详细流场分别如图 2-12、图 2-13、图 2-14 所示。结果表明,悬栅的置入增加了池内涡的数量和范围,涡的大小随着流量的增加而减小。这是因为流量增大后,栅条上面的水体厚度增加,即栅条上面的水压力增加,迫使栅条后的涡减小,并且涡的位置随流量的增加而后移。在已知第一根栅条后旋涡的范围及位置后,将第 2 根栅条安放于第一根栅条旋涡的结束处。水流经栅条后受栅条的强烈扰动,紊动能大大增加,由于液体的黏性,紊动能的增加使得流体内的热能增加,水流的动能减小,从而达到消能的目的。

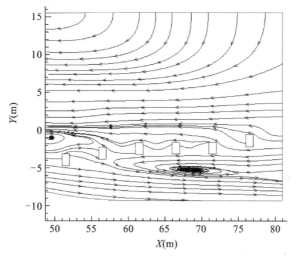

图 2-12　小流量 200.00 m³/s **条件下悬栅消力池内流场**

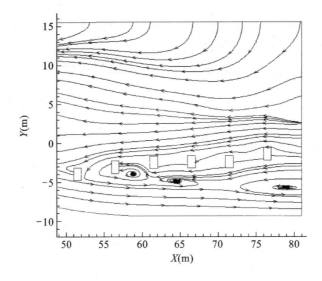

图 2-13　中流量 $474.97\ \mathrm{m^3/s}$ 条件下悬栅消力池内流场

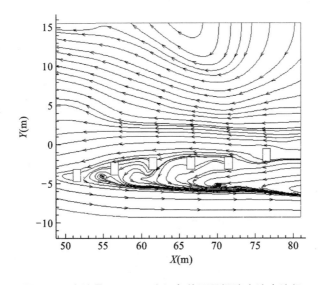

图 2-14　大流量 $773.18\ \mathrm{m^3/s}$ 条件下悬栅消力池内流场

2.3　导流洞悬栅消力池计算成果分析

2.3.1　消力池消能率分析

为了防止下泄的高速水流破坏水工建筑物,危及建筑物的安全,通常需要在建筑物的内部或其尾部加设一种或几种消能防冲设施,以削减水流的动能,减少对建筑物自身及下游河道的冲刷。消能率是判别消能防冲建筑物消能效果的主要指标,因此,对悬栅消力池不同数值模拟方案进行消能率分析,对比选方案和探究消能规律具有重要意义。

2.3.1.1　不同体型悬栅消能率对比

在模型试验最终方案(17根栅条)基础上,将矩形悬栅改为楔形悬栅,栅距和栅条安装高度均保持不变,即悬栅数值模拟计算方案1,通过提取数值模拟计算结果,得到在不同工况下楔形悬栅的消能率,并将其与矩形悬栅进行比较,如图2-15所示。

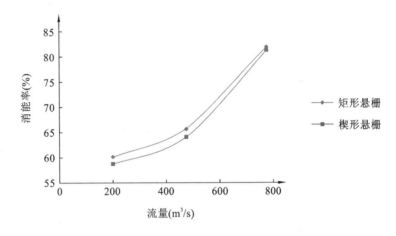

图 2-15　不同体型悬栅消能率对比

由图2-15可看出,随着流量的不断增加,消能率不断增大。在校核流量为773.18 m³/s时,消能率达到了82%。在各级流量下,楔形悬栅的消能率略低于矩形悬栅。特别是在流量为474.97 m³/s时,矩形悬栅的消能率为65.79%,楔形悬栅的消能率为64.10%,降幅达2.57%。因此,单从消能率方面考虑,将悬栅体型由矩形改为楔形,对增大消能效果不明显,因为矩形悬栅的阻水面积大于楔形悬栅阻水面积,矩形悬栅能够更好地削弱入池水流的能量。

2.3.1.2　不同高度悬栅消能率对比

为了探究悬栅设置高度对悬栅消力池消能效果的影响,在模型试验最终方案基础上,分别计算了悬栅设置高度为9 m、8 m、7 m、6.3 m时悬栅消力池的消能率,即悬栅数值模拟计算方案2、3、4、5的消能率,计算结果见图2-16。计算结果表明,流量越大,消能率越高。在同一流量下,随着悬栅高度的降低,消能率逐渐加大,当栅条高度下降到7 m时,在各级流量下,消能率达到最大值。在校核流量下,其消能率达到了86.5%。此后,悬栅高度再降低,消能率不但没增加,反而下降。经对比发现,此时悬栅的设置高度应与消力池池深相同。

因此,单从消能率方面考虑,悬栅最佳设置高度应使悬栅顶面与悬栅消力池尾坎同高。

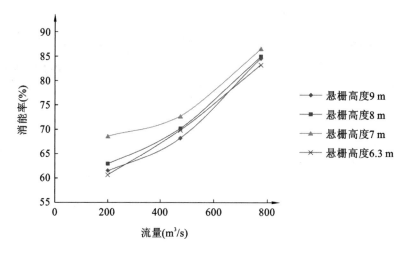

图 2-16 不同栅高时消能率对比

2.3.1.3 不同间距悬栅消能率对比

通过改变悬栅间距,制订数值模拟方案 6、7、8、9,即栅条间距分别为 2 m、3 m、前 16 根 2 m 后 21 根 3 m、前 11 根 3 m 后 31 根 2 m,不同栅距下消能率的对比见图 2-17。计算结果表明,无论是等间距、前半部密后半部疏还是前半部疏后半部密的方案,消能率随着间距的减小而逐渐增大,消能效果逐渐明显。在方案 6 即悬栅间距为 2 m 的方案中,校核流量下,其消能率达到最大值 88.5%。悬栅前半部密后半部疏的方案比前半部疏后半部密的方案消能率高,消能效果更加明显。

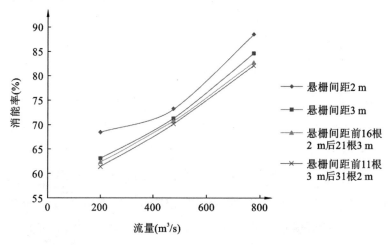

图 2-17 不同栅距时消能率对比

2.3.2 消力池内最大水深比较

通过提取数值模拟计算结果,得到了各方案下悬栅消力池内最大水深,见表 2-7。池内最大水深的减小,能够大大降低边墙的设置高度,减少工程投资。虽然悬栅消力池的消能率较原消力池有较大提高,但其水深变化尚不明确。因此,有必要对各工况下消力池内的最大涌浪高度进行分析,寻求其变化规律,找出最佳方案。

表 2-7 不同方案下悬栅消力池内最大水深

方案	流量(m^3/s)	桩号(m)	最大水深(m)
1	200.00	0+595.95	11.52
	474.97	0+613.12	14.54
	773.18	0+607.36	16.75
2	200.00	0+613.12	12.07
	474.97	0+611.07	15.17
	773.18	0+613.12	19.34
3	200.00	0+613.12	12.07
	474.97	0+613.12	15.23
	773.18	0+613.12	20.43
4	200.00	0+613.12	12.08
	474.97	0+613.12	15.58
	773.18	0+613.12	20.85
5	200.00	0+613.12	12.07
	474.97	0+613.12	16.12
	773.18	0+613.12	20.84
6	200.00	0+613.12	11.97
	474.97	0+613.12	15.83
	773.18	0+613.12	19.23
7	200.00	0+613.12	11.77
	474.97	0+611.48	14.71
	773.18	0+611.38	17.44
8	200.00	0+613.12	11.72
	474.97	0+611.50	14.29
	773.18	0+609.92	19.21
9	200.00	0+613.12	11.89
	474.97	0+609.75	14.76
	773.18	0+613.12	18.94

由表 2-7 可看出,在不同方案、不同流量下,悬栅消力池内最大水深发生在消力池尾坎附近(桩号 0+613.120 m)。随着流量的加大,其最大水深不断增加,在方案 4 校核流量下,达到最大值 20.85 m。随着栅条高度的降低,其最大水深有所增加。

2.3.2.1 不同体型悬栅消力池内最大水深

不同体型悬栅消力池内最大水深如图 2-18 所示。由图 2-18 可知,在各级流量下,矩形悬栅消力池内最大水深比楔形悬栅消力池内最大水深明显偏大,在校核流量下,楔形悬栅相比矩形悬栅最大水深降幅达到 8.66%。这是因为矩形悬栅的阻水作用即阻塞率比楔形悬栅大,导致悬栅消力池在尾坎处水面有所上升。

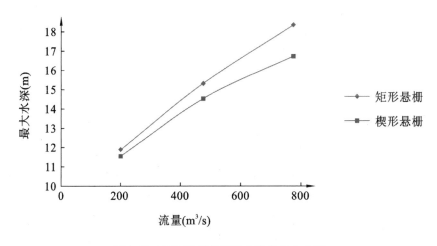

图 2-18 不同体型悬栅消力池内最大水深

2.3.2.2 不同高度悬栅消力池内最大水深

不同高度悬栅消力池内最大水深如图 2-19 所示。由图 2-19 可知,随着悬栅高度的降低,其池内最大水深有所增大。在校核流量下,悬栅高度为 7 m 时,其最大水深达到 20.85 m,较悬栅高度为 9 m 时涨幅达到 7.81%。

2.3.2.3 不同间距悬栅消力池内最大水深

不同间距悬栅消力池内最大水深如图 2-20 所示。由图 2-20 可知,方案 7(悬栅间距 3 m)和方案 6(悬栅间距 2 m)相比,悬栅间距增大 1 m,消力池内最大水深(尾坎处)有所下降。在校核流量下,最大降幅为 9.31%。因为随着悬栅间距的增大,悬栅对水流的阻水作用降低,因而造成消力池内水深降低,流速变大。

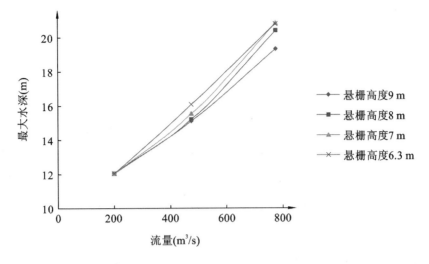

图 2-19　不同高度悬栅消力池内最大水深

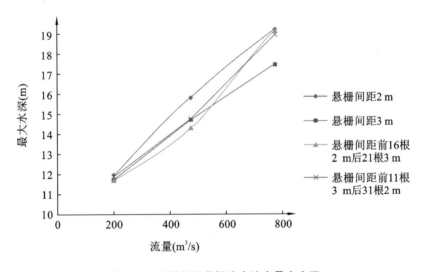

图 2-20　不同间距悬栅消力池内最大水深

　　方案9(悬栅间距前11根3 m后31根2 m)和方案7(悬栅间距3 m)相比,其后半部31根栅条较方案7间距减小1 m,消力池内最大水深有所增加。在校核流量下,最大涨幅为7.92%。因此,随着悬栅间距的减小,消力池内最大水深逐渐增大,在方案6(悬栅间距为2 m)校核流量下,消力池内最大水深达到最大值19.23 m。

　　方案6(悬栅间距2 m)和方案8(悬栅间距前16根2 m后21根3 m)相比,在各级流量下,方案6消力池内最大水深都比方案8下消力池内最大水深大。因此,为了达到更好的消能效果,而且能够使消力池内最大水深满足要求,悬栅的最佳间距应不小于一个旋涡的长度。

2.4　本章小结

本章介绍了紊流数值模拟的基本方法、基本方程以及自由表面的模拟方法，设计了新疆迪那河五一水库导流洞消力池数值模拟方案。在校核流量（$Q=773.18\ \mathrm{m^3/s}$）下，以导流兼排沙洞消力池最终方案（17 根悬栅）为例，建立悬栅消力池三维数学模型。结果表明，水面高程、底板压强、特征断面平均流速、水面涌浪高度等的数值模拟计算值与模型试验实测值基本一致，验证了数值模拟的准确性。

3 消力池内悬栅消能工水力特性

由新疆迪那河五一水库导流洞消力池内布设悬栅的模型试验可知,悬栅能起到稳定水流、降低池内水深的作用。但吴战营仅针对新疆迪那河五一水库解决相应工程问题,若想得到悬栅消能机理,则需要从其水流流态、池内最大水深、消能率、水面线、流速、压强等水力特性方面系统研究悬栅。

3.1 流态

为对比加悬栅前后消力池内流态变化,先在未设置悬栅的消力池内进行流量 Q 分别为 8 L/s、5 L/s 和 2 L/s 的 3 组试验,然后在消力池内置入 17 根悬栅,根据均匀正交设计表依次进行 9 组试验。试验现象表明,水跃发生位置和形式会影响池内水流流态变化,随着未加悬栅消力池流量的增大,水流紊动逐渐变得剧烈,流态也逐渐紊乱、复杂且无规律。当流量增至 8 L/s 时,消力池内水流旋滚剧烈,水花飞溅并不时溢出边墙,流态很不稳定,水流上下波动幅度很大。但在消力池内加入悬栅后,上述现象得到很好改善,消力池消能效果较好,剧烈旋滚的水流变得相对平稳,池内最大水深降低明显。为突出加悬栅前后消力池内水流流态变化差异,在流量 $Q=8$ L/s 条件下,将悬栅消力池(方案 3 和方案 4)同未加悬栅的消力池内水流流态进行试验对比,见图 3-1～图 3-3。

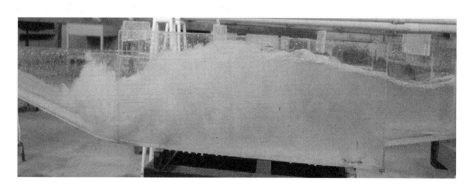

图 3-1　未加入悬栅时消力池水流流态

图 3-2   加入悬栅后消力池(方案 3)水流流态

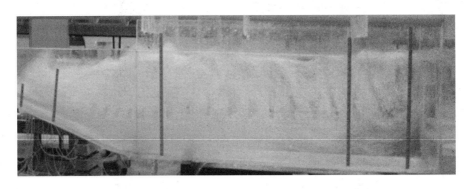

图 3-3   加入悬栅后消力池(方案 4)水流流态

由图 3-1～图 3-3 可以明显看出,消力池加入悬栅后水跃断面明显前移,池内水流受到悬栅迎水面的阻挡、撞击、剪切后分为两股,上股水流在悬栅上表面迅速上扩过栅,下股水流在悬栅下表面急速收缩过栅,在消力池内形成绕栅环流。水跃旋滚区呈现白色泡沫状的水气两相掺混流态,形成数量众多的小涡体,经过与池内悬栅上下边壁碰撞、摩擦、剪切和混掺等,起到破碎水跃表面涌浪并增强池内水跃消能效果的作用,从而消耗大量入池水体动能,水流紊动减弱且出池水体能量减少,下游水流速度降低,池内水流较平稳,最大水深下降明显。因此,悬栅对于稳定水流流态和消减池内最大水深效果良好,并能有效改善池内水流紊乱溢出现象。

通过 FLUENT 计算软件对 4 个模拟方案进行数值模拟,采用 Tecplot 软件对计算结果进行处理,得到不同方案下加悬栅前后消力池内水气两相图,见图 3-4～图 3-7。

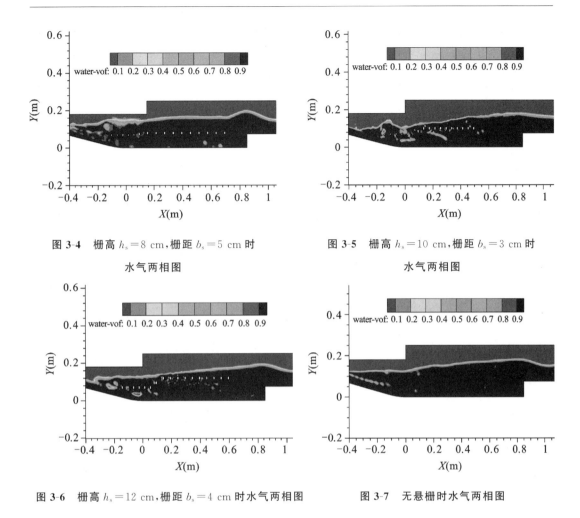

图 3-4　栅高 h_s＝8 cm,栅距 b_s＝5 cm 时
水气两相图

图 3-5　栅高 h_s＝10 cm,栅距 b_s＝3 cm 时
水气两相图

图 3-6　栅高 h_s＝12 cm,栅距 b_s＝4 cm 时水气两相图　　　　图 3-7　无悬栅时水气两相图

　　通过模拟方案得到的水气两相图可以直观看出,无论采用哪一种悬栅布置方式,都能明显增加消力池内的掺气浓度,对于稳定池内水流流态和消减池内水深均有一定作用。在图 3-4～图 3-7 中,护坦处水面均有涌浪现象,这与物理模型试验现象保持一致。通过这 4 幅水气两相图可以看出,未布置悬栅的消力池内掺气浓度明显低于加入悬栅后的消力池的,加入悬栅后消力池内水流流态较未布置悬栅的消力池稳定,池内平均水深有一定程度降低,未加悬栅消力池护坦处有明显水面涌起现象,而加入悬栅后消力池护坦处水面较平顺。

3.2　池内最大水深和消能率

　　池内最大水深和消能率是判别和衡量悬栅稳流消能效果的参数,消力池中水体动能消耗越大,悬栅消能就越充分,消能率也随之提高;池中最大水深消减程度越大,水流越稳定平顺,悬栅消能稳流效果也就越好。3 组无悬栅消力池实测池内最大水深和消能率试验结果见表 3-1,9 组悬栅消力池均匀正交试验实测池内最大水深和消能率试验结果见表 3-2。

表 3-1 未布置悬栅消力池消能效果

流量 Q(L/s)	8	5	2
最大水深 h_m(cm)	19.01	15.75	12.27
消能率 η(%)	76.831	74.559	60.759

表 3-2 布置悬栅后消力池消能效果

试验序号	1	2	3	4	5	6	7	8	9
最大水深 h_m(cm)	14.903	12.175	17.705	18.69	15.563	12.085	12.238	18.603	15.602
消能率 η(%)	74.164	60.383	78.363	78.219	73.267	60.013	58.767	77.314	73.230

对比布置悬栅前后消力池内最大水深和消能率的变化发现,池内最大水深均有不同程度降低,水流流态较平稳,消能率有一定程度提高。其中布置悬栅的试验方案 3 最大消能率达 78.363%,实测池内最大水深相比未布置悬栅消力池下降 1.31 cm,降低幅度 5.44%。

3.3 水面线

将得到的数值模拟研究结果进行对比和分析,得到未布置悬栅的消力池水气两相图(图 3-8),以及矩形悬栅栅条不同高度下的水气两相图(图 3-9～图 3-11)。

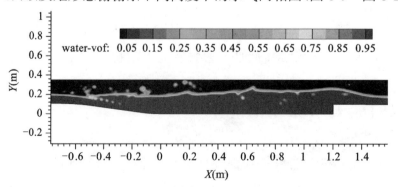

图 3-8 未布置悬栅的消力池水气两相图

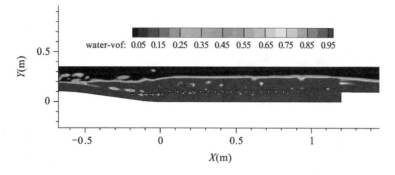

图 3-9　栅高 $h_s = 1.6$ cm 时水气两相图

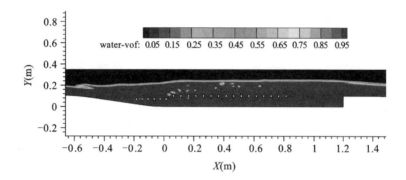

图 3-10　栅高 $h_s = 2.0$ cm 时水气两相图

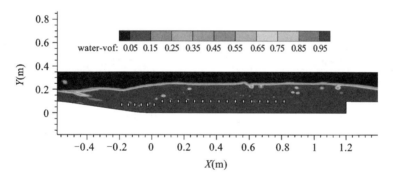

图 3-11　栅高 $h_s = 2.5$ cm 时水气两相图

通过这 4 幅水气两相图可以看出,未布置悬栅的消力池内掺气浓度明显低于布置悬栅后的消力池,布置悬栅后消力池内水流流态较未布置悬栅的消力池稳定,池内平均水深有一定程度降低,未布置悬栅消力池护坦处有明显水面涌起现象,而布置悬栅后消力池护坦处水面较平顺。

消力池内布置矩形悬栅后,池内涌浪高度下降明显,池内最大水深消减幅度大,对布置矩形悬栅前后消力池末端护坦处的水流流场进行模拟,见图 3-12～图 3-15。

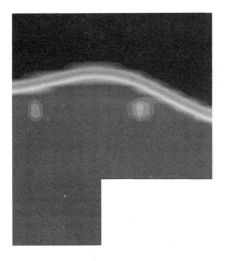

图 3-12　未布置悬栅时消力池护坦处水流流场

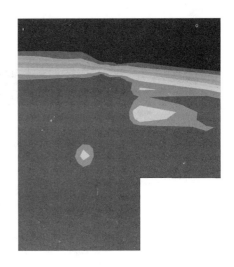

图 3-13　栅高 $h_s = 1.6$ cm 时消力池
护坦处水流流场

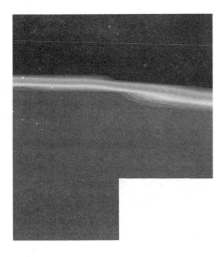

图 3-14　栅高 $h_s = 2.0$ cm 时消力池
护坦处水流流场

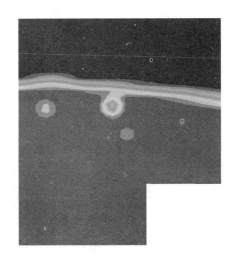

图 3-15　栅高 $h_s = 2.5$ cm 时消力池
护坦处水流流场

　　由图 3-12～图 3-15 中可以明显看出,未布置悬栅的消力池在末端断面处产生涌浪现象且涌浪明显,布置矩形悬栅后消力池护坦处涌浪现象均有所改善,变得相对平缓。通过对比矩形悬栅栅高 $h_s = 1.6$ cm、$h_s = 2.0$ cm 和 $h_s = 2.5$ cm 护坦处的涌浪高度,可以明显看出,当矩形悬栅栅高 $h_s = 2.0$ cm 时,消力池护坦处涌浪高度较栅高 $h_s = 1.6$ cm 和 $h_s = 2.5$ cm 时降低明显,水流比较平顺且没有产生明显涌浪,因此矩形悬栅栅高 $h_s = 2.0$ cm 时对池后涌浪现象有较好改善作用。

3.4　流速

流速迹线图对于辨析流场中各流体质点的运动趋势有很大作用,通过流速迹线图可以预测水跃发生的位置和形式,对水跃流场有更清晰的认识。图 3-16～图 3-19 所示为各模拟方案的流速迹线图。

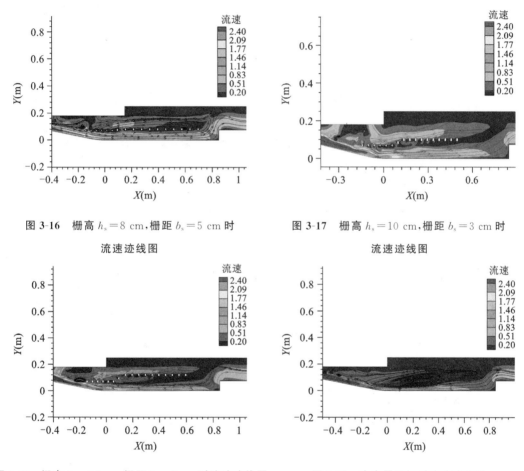

图 3-16　栅高 $h_s = 8$ cm,栅距 $b_s = 5$ cm 时流速迹线图

图 3-17　栅高 $h_s = 10$ cm,栅距 $b_s = 3$ cm 时流速迹线图

图 3-18　栅高 $h_s = 12$ cm,栅距 $b_s = 4$ cm 时流速迹线图

图 3-19　未布置悬栅时流速迹线图

图 3-16～图 3-19 显示,布置悬栅前后,消力池中均有水跃现象发生。通过对比图 3-16～图 3-19 所示流速迹线图可以看出,消力池布置矩形悬栅后,在矩形悬栅周围形成了许多小旋涡,增加了消力池内的掺气浓度,对于稳定水流和消散能量有重要作用;布置矩形悬栅后消力池内水跃消能规律明显,消力池内有明显掺混回流现象,矩形悬栅周围形成绕栅环流,而且消力池护坦处水流较未布置悬栅的消力池平顺,护坦处水面涌起现象得到明显改善。

3.5 压强

水流未进入消力池时,消力池内的压强为标准大气压,在水流进入消力池后,伴随着消力池内压强的产生,水流对边壁和悬栅栅条均产生压力。压强是消力池内是否会产生空化或空蚀破坏的重要指标,当消力池内产生负压或压强较小时,都容易发生空化或空蚀破坏。压强云图可以直观反映消力池内压强变化情况,不同方案下的压强云图见图 3-20～图 3-23。

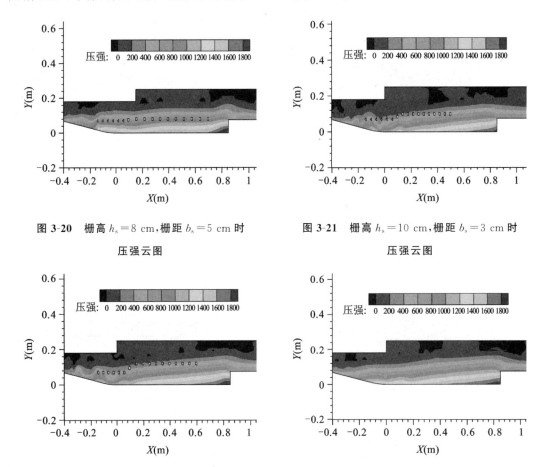

图 3-20 栅高 h_s = 8 cm,栅距 b_s = 5 cm 时
压强云图

图 3-21 栅高 h_s = 10 cm,栅距 b_s = 3 cm 时
压强云图

图 3-22 栅高 h_s = 12 cm,栅距 b_s = 4 cm 时压强云图

图 3-23 未布置悬栅时压强云图

通过这 4 幅图可以看出,消力池底部的压强值较大,池内并没有负压产生,未布置悬栅消力池在护坦处压强值较大区域的压强值与布置悬栅的消力池相比较大,布置悬栅可使消力池底部较大压强区域减小,得到的数值模拟结果可对模型试验进行预测,对于预测消力池空蚀和空化发生位置有很大帮助。

3.6　本章小结

本章主要研究消力池内悬栅消能工水力特性,得到如下结论:

(1) 消力池未布置矩形悬栅前,池内水流紊动剧烈,水面波动大,流态很不稳定;消力池布置矩形悬栅后,水流趋于平稳,水面波动减弱,消力池内最大水深均比未布置矩形悬栅的消力池有所降低。由此可知,矩形悬栅对池内水流稳流作用显著。

(2) 应用数值模拟技术对底流消力池悬栅消能工进行数值模拟,得到水流流态、压强分布及流速分布等流场特性。对比分析水气两相图、消力池护坦处的涌浪高度及池内的水流迹线可知,未布置悬栅的消力池护坦处产生明显涌浪现象,布置悬栅后消力池护坦处水流流态比较平顺,消力池护坦处的涌浪现象得到较好改善,同时矩形悬栅的置入增大了消力池内掺气浓度,能使池内水流流态较平稳。

4 悬栅消能工 PIV 测试与消能机理分析

4.1 PIV 原理概述

4.1.1 PIV 原理

粒子图像测速技术(Particle Image Velovimetry,简称 PIV)的基本原理是非接触式流体速度测量方法。PIV 仪器是通过观测可见的粒子在流体中的运动情况,进而通过计算分析得到流体的流场分布。这种可见的粒子即示踪粒子(密度与流体相当并且具有很好的跟随性的粒子)。用激光照亮流体,以便用 CCD 相机捕捉拍摄粒子图像。t_1 时刻,CCD 相机拍摄下被激光照亮的粒子图像,t_2 时刻,CCD 相机再次拍摄下被激光照亮的粒子图像。这样,Δt 时刻内示踪粒子产生的移动图像就被拍摄下来。两个不同时刻的粒子图像被划分成许多"判询域"(积分格),通过特定的算法进行计算,计算得到的结果是一个速度矢量,即一块判询域产生一个速度矢量。成千上万个判询域做相关运算,就产生成千上万个速度矢量,形成矢量场和速度大小的分布[91]。

PIV 系统的重要硬件组成有:激光发生器、高速相机(CCD 或 CMOS)、同步器、数据采集(及控制)计算机[92]。简单来说,PIV 测速技术就是利用计算机控制高速相机,采集被激光器追踪的示踪粒子。图 4-1 所示为标准二维 PIV 系统示意图。

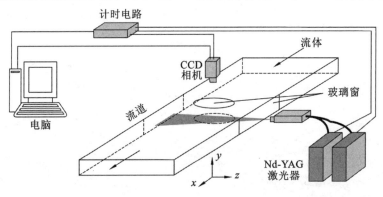

图 4-1　标准二维 PIV 系统示意图

PIV 系统通常是使面光源平行于观察流场中速度最快的分量,即相机的视场方向在面光源的法线方向上[93]。PIV 仪器的布置应尽可能满足试验要求,以便减少误差,从而得到更真实、有效的试验结果。

已知曝光间隔时间 $\Delta t = t_2 - t_1$,采用 PIV 处理软件可以获得粒子在图像上的平均速度 ΔV。通过对模型进行标定,确定系统光学放大倍率,进而计算出粒子的实际速度。当 Δt 足够小时,就可以将该平均速度 ΔV 近似为粒子在 t_1 时刻的瞬时速度。因此,PIV 测量得到的结果实际上是以平均速度代替瞬时速度,以示踪粒子速度代替所在位置的流场速度[94-95]。

相比传统的流场流速观测系统,PIV 系统有以下特点:

(1)PIV 系统配置了大功率的激光光源、高分辨率的高速摄像组件,保证了相邻采样与光源闪光完全同步;

(2)采用了 PIV-PTV 前沿的数字图像处理技术,能够同步测量时均流速场、紊动流速场等关键参数;

(3)可支持每秒百帧至千帧级采集,当进行千帧采集时,$\Delta t = 0.001$ s,PIV 系统测量的平均速度更接近瞬时速度,数据更真实,更具实用价值;

(4)提供全自动、高精度机械臂;

(5)可在三维场景下操控设备,完成多维度观测点自动移载。

4.1.2 示踪粒子的选择

PIV 系统是通过在流场中布撒合适的示踪粒子,利用 CCD 相机等成像系统获得曝光后的示踪粒子图像,再应用特定软件对图像进行处理与分析,从而获得流场的速度分布情况。因此,测试中所使用的示踪粒子的特性对整个 PIV 系统的测量结果影响非常大,在定量测量时更是如此[96-100]。

合适的示踪粒子大小应该能够保证流场测量的准确性,PIV 示踪粒子须具备以下三个特点:

(1)中性浮动,相对于待测流量足够小,以确保良好的跟随性;

(2)尺寸足够大,以确保有效的散射光强;

(3)示踪粒子散射效率还取决于其折射率与被测流体折射率比值[101]。

选择示踪粒子不是绝对的,需要根据研究的流体介质和问题正确地选择示踪粒子[101]。粒子选用的一个重要指标是折射率,示踪粒子的表面折射率反映了粒子的成像特性。示踪粒子要具有良好的光反射性,这样成像对比度高,反射率越高,粒子可成像数目也越多,能更好显示流场的细节,提高流场测量精度。相对于同一介质,折射率越高的粒子表面反射率也越高,因此最初在粒子材料选择时可选取折射率高的材料[102-105]。

粒子选用的一个重要原则是粒子密度应与试验流体密度尽量一致。这样,粒子所受浮力与重力互相抵消,粒子仅受流体的黏性力影响。如果粒子密度小于试验流体密度,由于浮力的作用,粒子将漂浮在试验流体的表面,起不到追踪流场的目的;如果粒子密度大于试验流体密度,由于重力作用,粒子会产生沉降,产生重力方向的分速度,从而影响测量结果。

对于 PIV 系统,只有粒子存在才能测速,没有粒子的区域就没法进行观测,因而只有全场均匀布撒示踪粒子,才能保证全流场都可以观测。如果粒子浓度太高,实际记录在相机上的就不是粒子图像,而是粒子群的散斑图像,此时,通常采用激光散斑测速技术测量散斑图像的速度。如果流场中的粒子浓度很低,在确定粒子位移时,常常采用单个粒子的识别和跟踪方法来确定该粒子的速度,称为粒子跟踪测速技术[106-107]。

4.1.3　PIV 系统

本试验所采用 PIV 系统(TVMS)购自北京尚水信息技术股份有限公司,如图 4-2 所示。

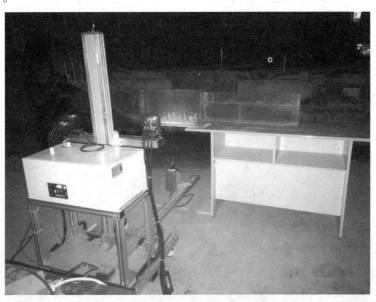

图 4-2　试验所采用 PIV 系统

该 PIV 系统配备自动化三维操控装置,可进行高精度自动移载,实现多维度立体观测,是专门为水力学的基础理论研究开发的高精度、高分辨率紊动结构测量系统,为前沿基础科学——水动力学紊流研究提供了先进手段。该 PIV 系统是在传统流动显示技术基础上,利用图形图像处理技术发展起来的一种新的流动测量技术,既具备单点测量技术的精度和分辨率,又能获得平面流场的整体结构和瞬态图像[108-109]。

4.1.3.1　PIV 图像采集

将多次曝光的粒子位移场的瞬时信息记录下来,通常有两种记录方式:一种是早期采用的方式,利用照相机将相关信息记录在底片上;另一种是目前采用的方式,利用该 PIV 系统中的 CCD 相机,直接由 CCD 光电转换芯片将粒子图像的信息转换成数字信息传输至计算机,即数字式 PIV 或 DPIV。

目前 CCD 相机发展较快,空间分辨率由 512×512 发展到 4096×4096;CCD 也由同帧发展到跨帧,跨帧 CCD 可以将两次曝光的粒子图像分别记录在两帧图像上,继而用自相关法处理数据。被绿激光照亮的示踪粒子发生 Mie 散射(图 4-3),散射的绿光携带着光信息映射到 CCD 光电转换芯片上,发生光电效应,然后光信号被转换成模拟电信号进而被转换成数字信号,这些数字信号携带着所拍摄的图像信息被传输至计算机中,由软件进行处理[110-111]。

图 4-3　激光照射流场

该 PIV 系统在图像采集过程中,针对不同的情况需要采用不同的采集方法,否则采集到的图像就会不理想,以致无法进行试验研究。例如,在对消力池内悬栅消能工的直接测量中,如果采用标准的 PIV 技术进行图像采集,就无法很好地观测消力池入口处瞬时水跃的流速及流场分布情况,这就需要调整观测段。根据 PIV 算法的自适应性,将观测段调整到水跃断面后消力池内的悬栅段,这样就可以达到理想的检测效果。因此,在 PIV 系统进行图像采集的过程中,应根据需要来适当调整图像采集方法,以便采集到所需的最佳数据。

4.1.3.2 PIV 图像数据处理

PIV 图像数据处理和流场显示是通过与之相连的计算机和配置的软件实现的,本质上就是图像处理技术。

PIV 系统处理数据时,粒子图像的判读是其中的关键一环。PIV 成像系统记录了在已知时间间隔 Δt 内流场粒子的位移信息,尽管提取粒子位移信息在原理上很简单,但由于信息量巨大,如果用人工来提取和判读的话,将是十分繁重的工作。

本试验 PIV 系统采用的是北京尚水信息技术股份有限公司配套的 PIV-PTV 前沿数字图像处理技术,能够同步测量时均流速场、紊动流速场等关键参数,见图 4-4、图 4-5。

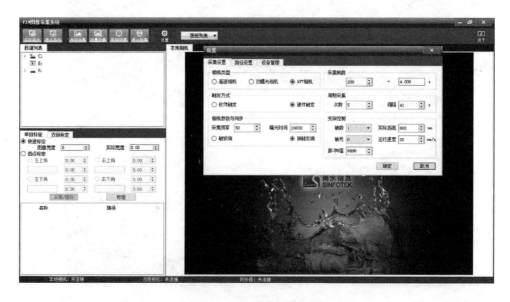

图 4-4   PIV 图像采集系统

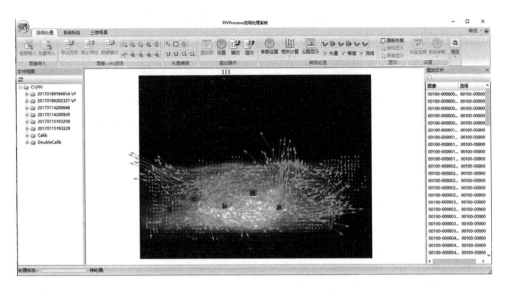

图 4-5　PIV Process 流场处理系统

4.2　PIV 技术在悬栅消能工中的应用

4.2.1　研究方案

本试验通过设计多组典型工况,建立多组不同参数下的试验模型,使用 PIV 系统测量消力池内悬栅消能工的流场数据,并结合 FLUENT 数值模型,对悬栅消能工的消能机理进行分析探讨。

4.2.1.1　研究内容

通过运用 PIV 系统对悬栅消力池内流场进行观测,使用 PIV 系统测量典型工况下的流场数据,与数值模型结合起来分析消能工的消能效果,优化多组模型进行试验观测,进一步分析以下几个方面的内容:

(1) 针对消力池内布置单层悬栅的模型试验,在前人研究的基础上,设计消力池内双层悬栅布置方案,通过设置多组典型工况,做出试验模型并进行消力池模型试验;通过借助 PIV Process 流场处理软件对比所得结果,分析单、双层悬栅下 PIV 系统测得的流场分布。

(2) 由于消力池内水流流态紊乱,模型试验难以得到双层悬栅周围的流场分布、压强场分布等,可根据模型试验建立对应的数值模拟方案,采用 RNG k-ε 双方程紊流模型,利用流体力学软件 FLUENT,对布置悬栅前后消力池内水流特性进行数值模拟计算,通过计算得到的消力池内水气两相图、流速分布等,对比分析消力池内布置悬栅前后的消能效果;通过数据整理归类,对比消力池模型试验和数值模拟分析所得到的流场分布,分析悬栅消能工的消能机理。

(3)为了更好地分析悬栅周围旋涡分布及消能机理,在确定双层悬栅的布置形式后,需要继续优化消力池悬栅试验,建立多组模型,利用 PIV 系统进行测量试验,应用 PIV Process 流场处理软件对结果进行分析,进一步分析悬栅消能工的消能机理。

4.2.1.2 研究方法

试验研究以水跃消能理论为基础,应用水动力学知识,拟采用理论分析、系列物理模型试验以及数值模拟相结合的研究方法,对消力池内悬栅消能工的能量耗散规律和消能机理进行系统研究。

物理模型试验部分需要使用 PIV 系统,故熟练准确地使用 PIV 系统,是研究过程的重点。具体研究方案如下:

(1)在前期试验的基础上,建立消力池模型,分别对模型中未设置悬栅、设置单层悬栅、设置双层悬栅三种典型工况进行模拟试验,观察消力池水流流态,测量消力池内最大水深并计算消能率;通过 PIV Process 流场处理软件分析消力池内悬栅附近流场分布,分析单层、双层悬栅对消力池消能效果的影响。

(2)利用 FLUENT 软件对消力池内设置悬栅后的水流运动状态进行较系统的数值模拟计算,比对模型试验结果与 FLUENT 数值模拟计算结果,分析探讨悬栅消能工的消能机理。根据数值模拟较优的设计方案,设计多组模型并进行试验,记录分析不同方案下悬栅消能工的水工特性;优化消力池内悬栅的布置形式,通过试验观察悬栅布置形式优化后的消力池内水流流态,计算消力池消能率,通过 PIV Process 流场处理软件分析优化后的消力池流场分布,进一步分析消力池内悬栅消能工的消能机理。

4.2.2 试验模型

为研究悬栅消能工布置形式对底流消力池消能效果的影响,本次悬栅体型及消力池模型综合考虑收缩断面流速、佛汝德数等因素,选取流量 $Q=3$ L/s 作为流量设计值进行消力池模型设计。其中,消力池模型池长 70 cm,边墙高 30 cm,池宽 10 cm,池深 5 cm。根据实验室供水和场地等条件进行消力池模型制作,整体模型由高约 140 cm 的水箱、斜坡溢洪道、消力池、池后矩形水槽和量水设备组成。消力池和矩形水槽采用有机透明玻璃制作,经测定,模型满足相似准则要求。消力池结构尺寸见图 4-6。

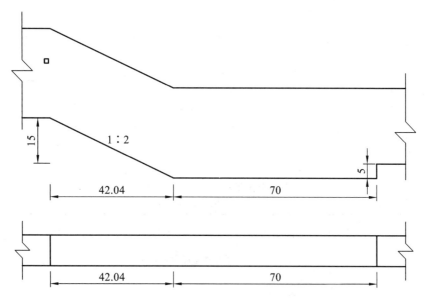

图 4-6 消力池结构设计图(单位:cm)

在消力池模型内放置悬栅进行试验,悬栅断面形状为矩形,采用有机玻璃制作悬栅栅条,悬栅尺寸为 1 cm×1 cm×10 cm(图 4-7),数量为 13 根,通过试剂固定到消力池模型两壁上。在流量设计值 $Q=3$ L/s 条件下,分别针对消力池内未布置悬栅(图 4-6)、布置单层悬栅(图 4-8)和布置双层悬栅(图 4-9)等情况进行模型试验,观察悬栅布置前后对消力池消能特性的影响,并测量消力池内相关试验数据。

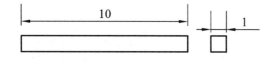

图 4-7 悬栅结构设计图(单位:cm)

通过前人的模型试验可知,消力池内布置单层悬栅时,单层悬栅高度 h 与下游处护坦等高,即 $h=5$ cm 为最优。参考单层悬栅最佳高度,双层悬栅布置时选择上层栅高 $h_1>5$ cm,下层栅高 $h_2<5$ cm;渥奇段布置 3 根悬栅,其栅高 $h=3$ cm(相对消力池渥奇段的垂直距离),悬栅栅距 $b_1=3$ cm。为方便试验时变换悬栅布置形式,消力池内悬栅采用 M 形布置,如图 4-9 所示。试验时为便于试验对比,保持渥奇段悬栅固定不变,只改变消力池内悬栅布置形式。

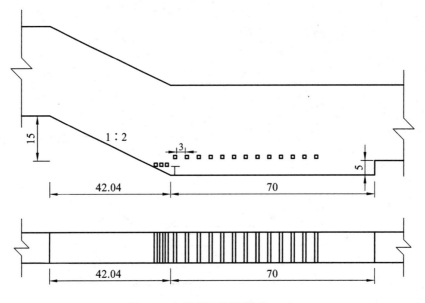

图 4-8 布置单层悬栅(单位:cm)

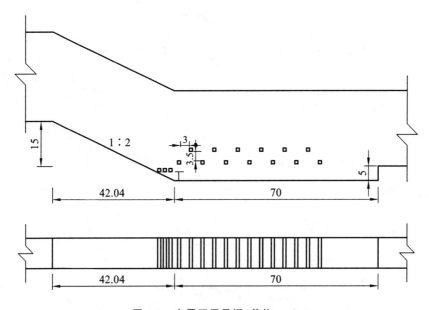

图 4-9 布置双层悬栅(单位:cm)

4.2.3 采用 PIV 系统观测的悬栅周围流场分布

根据现场环境及模型特性对 PIV 系统相关参数进行设定,在 PIV 采集系统及 PIV Process 流场处理系统中,可以对悬栅周围流场相关图像信息进行采集与分析,进而得到消力池内悬栅周围流场的分布情况。

4.2.3.1 PIV 系统观测操作及相关参数

PIV 系统观测操作流程如下：

（1）设备连接

使用 PIV 系统进行观测前，需要对相关设备进行连接，其中包括电脑、相机、激光器、同步器等，如图 4-10 所示。

（2）相关标定

对 PIV 系统中的相机进行标定。相机标定的实质是根据已知标定板上目标的三维空间坐标及其在像平面上的坐标，求解映射函数具体解析式的过程。因此，

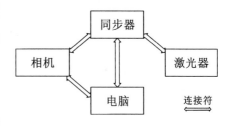

图 4-10　PIV 系统设备连接原理图

标定算法的优劣会影响标定精度。系统需要对两部相机的内外参数进行标定，对标定方法的要求是既精确又快速。

标定过程中用到的标定板是二维平面板。该标定板是在精密微位移机构负载下，在片光厚度内沿片光垂直方向平移定位，系统需要采集相机景深范围内至少三个位置上的标定板图像并进行单视场非共面标定，对机械机构的定位精度要求高[112]。

将标定板放入被测流场中，保证激光掠过标定板表面。判定标准：标定板表面与激光反射光相切。之后，通过 PIV 系统采集多组（30 张以上）图像，通过 PIV Process 流场处理系统进行标定计算。

（3）图像采集

标定完成后，移出标定板，准备进行图像采集。将相机的光圈调至中间，通过对比 PIV 图像采集系统在电脑屏幕上显示的实时画面，不断调整相机的光圈和焦距，直到调整得到令人满意的图像效果为止，锁定相机光圈和焦距。完成相机参数调整后，借助 PIV 图像采集系统，在不同的试验模型下进行多组批量图像采集（每组 5×200 张）。

（4）图像处理

图像采集完毕后，使用 PIV Process 流场处理系统软件对刚刚采集到的图像进行流场分析。载入之前完成标定，PIV Process 参数设置如图 4-11 所示。

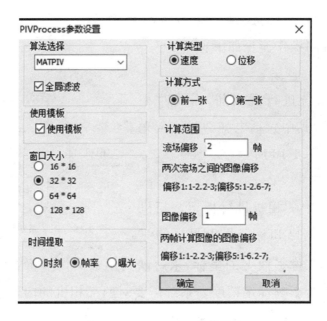

图 4-11　PIV Process 参数设置

通过流场处理软件，可以得到消力池内悬栅附近流场的速度分布情况，并可以将流场数据导出为 TXT 格式文档，方便 Excel 读取分析。导出的流场数据为 Tecplot/Matlab 格式数据，方便 Tecplot/Matlab 软件分析处理数据。

4.2.3.2　采用 PIV 系统观测的消力池内流场分布

PIV 系统突破了传统的单点测量的限制，可瞬时无接触地测得流场中一个截面上的二维速度分布，有较高的测量精度。通过在试验模型流场内布置示踪粒子，并将脉冲激光光源射入流场区域中，对观测流域进行多组图像采集，将粒子的图像记录在底片上，采用自相关法，逐点处理 PIV 底片上的图像，从而得到流场分布[113-115]。

PIV Process 流场处理系统是通过在多幅连续二维图像里，根据粒子轨迹的变化方向估算其光滑度，然后进行流场估算[116]。

（1）消力池内未布置悬栅时，PIV Process 流场处理系统得到的悬栅周围流场的分布如图 4-12 所示，图像为矢量图，箭头方向代表速度方向。从 PIV 系统测量的消力池内流场分布可以看出，在消力池内未布置悬栅时，由于没有布置任何辅助消能工，消力池内水跃位置靠后，为远驱式水跃，此时水流流速相对较大，水流湍急，跃后水深相对较浅，水流四处飞溅，对边墙冲击较大，整个消力池内水流流态都很不稳定，导致消力池下游段出流不平稳，消力池消能效果较不理想。PIV 系统测量所得的流场分布与试验观测水流流态完全吻合，且通过

PIV 系统可方便地计算得到流场中各点的瞬时矢量速度,比之前做的模型试验所得到的数据更加准确有效,可以为后续消能机理的研究提供依据。

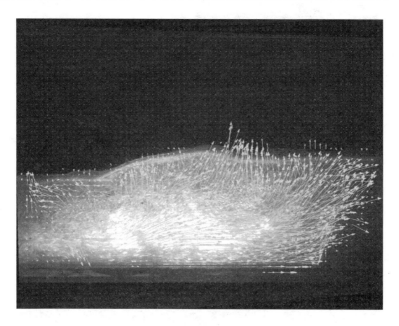

图 4-12　消力池内未布置悬栅时流场分布

在 PIV Process 流场处理软件中,通过内置算法对采集的 PIV 图像进行计算,可以得到试验模拟流场内对应坐标下的瞬时 u、v 值。由于 PIV 系统测量所得的速度数据量过大,这里只截取了部分消力池内未布置悬栅时对应坐标 u、v 值,具体见表 4-1。

表 4-1　未布置悬栅时对应坐标 u、v 值(单位:m/s)

x	y	u	v	x	y	u	v
−217.92	203.19	0.002	0.096	206.93	189.37	0.201	−0.139
−211.07	203.18	0.114	0.305	213.78	189.37	0.051	−0.148
−204.22	203.18	0.096	0.072	220.63	189.37	−0.08	−0.282
−197.37	203.18	−0.047	−0.052	227.48	189.37	−0.028	−0.151
−190.51	203.18	−0.174	0.039	234.34	189.36	−0.099	0.025
−183.66	203.18	−0.193	−0.085	241.19	189.36	−0.114	0.047
−176.81	203.18	−0.083	−0.009	248.04	189.36	−0.13	0.05
−169.96	203.17	0.093	0.076	−217.91	182.6	−0.159	0.169
−163.1	203.17	0.06	−0.17	−211.06	182.6	−0.299	0.203

续表 4-1

x	y	u	v	x	y	u	v
−156.25	203.17	0.006	−0.279	−204.21	182.6	0.012	0.077
−149.4	203.17	−0.181	−0.176	−197.36	182.6	−0.036	0.022
−142.55	203.17	−0.156	−0.113	−190.5	182.6	0.162	0.07
−135.7	203.17	−0.023	−0.108	−183.65	182.6	0.113	−0.001
−128.84	203.17	−0.026	−0.141	−176.8	182.59	−0.06	−0.041
−121.99	203.16	−0.063	−0.098	−169.95	182.59	0	−0.143
−115.14	203.16	−0.001	−0.035	−163.09	182.59	0.045	−0.128
−108.29	203.16	−0.005	−0.006	−156.24	182.59	0.202	−0.101
−101.43	203.16	−0.072	−0.031	−149.39	182.59	0.316	−0.322
−94.58	203.16	−0.019	−0.096	−142.54	182.59	0.072	−0.37
−87.73	203.16	0.04	−0.07	−135.68	182.58	−0.106	−0.331
−80.88	203.16	0.029	−0.038	−128.83	182.58	−0.046	−0.247
−74.02	203.15	0.024	−0.063	−121.98	182.58	−0.068	−0.1
−67.17	203.15	−0.078	−0.123	−115.13	182.58	0.001	0.013
−60.32	203.15	−0.027	−0.155	−108.28	182.58	−0.103	−0.055
−53.47	203.15	0.028	−0.112	−101.42	182.58	−0.193	0.098
−46.62	203.15	−0.063	−0.103	−94.57	182.58	0	−0.023
−39.76	203.15	−0.045	−0.093	−87.72	182.57	−0.064	−0.166
−32.91	203.14	−0.031	−0.095	−80.87	182.57	−0.089	0.012
−26.06	203.14	0.027	−0.102	−74.01	182.57	0.086	0.353
−19.21	203.14	−0.098	−0.044	−67.16	182.57	0.156	0.302

　　（2）消力池内布置单层悬栅时，PIV Process 流场处理系统得到的悬栅周围流场的分布如图 4-13 所示。从 PIV 系统测量的消力池内悬栅流场分布可以看出，在消力池内布置单层悬栅后，由于悬栅栅条的阻水作用，水跃位置有所前移，且跃前断面水深增大，为淹没式水跃；部分水流由于悬栅作用，流速降低，水深增大；由于跃前断面水深增大，跃后断面水深须减小，且因此导致的跃后断面水深减小的程度要大于因流速减小导致的水深增大的程度；消力池中后段断面水深减小，水跃逐渐减弱，水流波动也有所减弱，水流流态趋于平稳，边墙受到

水流的冲击较小,消力池下游段出流平稳,悬栅消力池消能效果较为理想。PIV 系统测量所得的流场分布与试验观测水流流态完全吻合,可以为后续消能机理的研究提供依据。

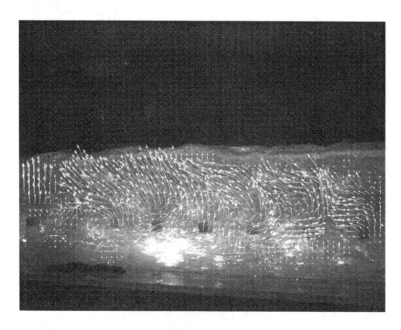

图 4-13　消力池内布置单层悬栅时流场分布

消力池内布置单层悬栅时,PIV Process 流场处理系统得到的单层悬栅下对应坐标 u、v 值见表 4-2。

表 4-2　单层悬栅下对应坐标 u、v 值(单位:m/s)

x	y	u	v	x	y	u	v
−217.92	203.19	0.09	0.32	206.93	189.37	−0.04	−0.17
−211.07	203.18	0.16	0.16	213.78	189.37	0.09	−0.15
−204.22	203.18	0.03	−0.19	220.63	189.37	0.11	−0.15
−197.37	203.18	0	−0.19	227.48	189.37	0.03	−0.1
−190.51	203.18	−0.02	−0.16	234.34	189.36	−0.01	−0.22
−183.66	203.18	0.04	−0.13	241.19	189.36	−0.08	−0.29
−176.81	203.18	0.04	−0.03	248.04	189.36	−0.05	−0.17
−169.96	203.17	−0.05	−0.07	−217.91	182.6	−0.44	−0.43
−163.1	203.17	−0.05	−0.14	−211.06	182.6	−0.07	0.08
−156.25	203.17	−0.07	−0.15	−204.21	182.6	0.05	0.07
−149.4	203.17	−0.01	−0.14	−197.36	182.6	0.24	0.36
−142.55	203.17	0.06	−0.08	−190.5	182.6	0.16	0.15

续表 4-2

x	y	u	v	x	y	u	v
-135.7	203.17	-0.12	-0.12	-183.65	182.6	-0.17	0.36
-128.84	203.17	-0.15	-0.12	-176.8	182.59	0.49	0.55
-121.99	203.16	-0.08	-0.16	-169.95	182.59	0.08	0.07
-115.14	203.16	-0.01	-0.16	-163.09	182.59	-0.65	-0.12
-108.29	203.16	-0.09	-0.1	-156.24	182.59	-0.44	-0.15
-101.43	203.16	-0.07	-0.09	-149.39	182.59	1.99	-0.45
-94.58	203.16	0.02	-0.1	-142.54	182.59	0.21	-0.59
-87.73	203.16	-0.08	-0.12	-135.68	182.58	0.15	-0.47
-80.88	203.16	-0.1	-0.05	-128.83	182.58	-0.03	-0.3
-74.02	203.15	0.05	0.07	-121.98	182.58	-0.06	0.16
-67.17	203.15	0.06	-0.09	-115.13	182.58	-2.15	0.17
-60.32	203.15	-0.02	-0.25	-108.28	182.58	0.02	-0.29
-53.47	203.15	-0.09	-0.08	-101.42	182.58	0.19	-0.67
-46.62	203.15	0.1	-0.01	-94.57	182.58	-0.05	-0.79
-39.76	203.15	0.07	-0.08	-87.72	182.57	-0.06	-0.36
-32.91	203.14	0.02	-0.02	-80.87	182.57	0.16	-0.46
-26.06	203.14	-0.04	-0.03	-74.01	182.57	-0.19	-0.71
-19.21	203.14	-0.01	-0.04	-67.16	182.57	-0.28	-0.36

（3）消力池内布置双层悬栅时，PIV Process 流场处理系统得到的悬栅周围流场的分布如图 4-14 所示。

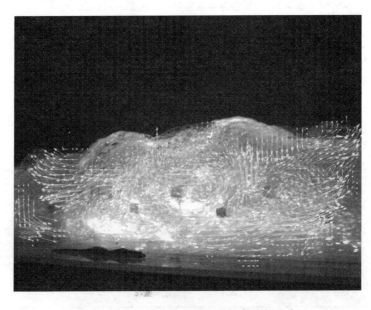

图 4-14　消力池内布置双层悬栅时流场分布

从 PIV 系统测量的消力池内悬栅流场分布可以看出,在消力池内布置双层悬栅后,由于双层悬栅呈 M 形布置,悬栅在垂直方向上的阻水断面增大,跃前断面水深较布置单层悬栅时更大,水跃位置前移更多,为淹没式水跃;由于悬栅垂直阻水断面增大,水流流速减小的幅度增大,跃前断面水深增大的幅度也随之增大,而由于跃前断面水深增大导致跃后断面水深减小,因此消力池内水深较大。但由于流速减小,水流相对较稳定,水面比较平稳,边墙受到水流的冲击较小,没有剧烈波动,消力池内流态更加稳定,较悬栅单层布置形式更优。PIV 系统测量所得的流场分布与试验观测水流流态完全吻合,可以为后续消能机理的研究提供依据。

消力池内布置双层悬栅时,PIV Process 流场处理系统得到的双层悬栅下对应坐标 u、v 值见表 4-3。

表 4-3　双层悬栅下对应坐标 u、v 值(单位:m/s)

x	y	u	v	x	y	u	v
-217.92	203.19	-0.43	0.33	206.92	196.23	-0.06	0.09
-211.07	203.18	0	-0.2	213.78	196.23	0.03	-0.08
-204.22	203.18	0.02	-0.11	220.63	196.23	0.14	-0.18
-197.37	203.18	-0.06	0.03	227.48	196.23	-0.03	-0.18
-190.51	203.18	-0.07	-0.1	234.33	196.22	0.06	-0.13
-183.66	203.18	-0.02	-0.14	241.19	196.22	0	-0.27
-176.81	203.18	0.08	-0.06	248.04	196.22	-0.15	-0.76
-169.96	203.17	0.11	-0.01	-217.92	189.46	-0.74	0.26
-163.1	203.17	0.02	-0.05	-211.06	189.46	2.06	-0.09
-156.25	203.17	0.02	-0.11	-204.21	189.46	0.3	-0.57
-149.4	203.17	0.1	-0.09	-197.36	189.46	0.12	-0.49
-142.55	203.17	0	-0.1	-190.51	189.46	0	-0.47
-135.7	203.17	-0.03	-0.06	-183.65	189.46	0.05	-0.5
-128.84	203.17	0.07	-0.08	-176.8	189.45	0	-0.15
-121.99	203.16	0.08	-0.11	-169.95	189.45	0.03	0.7
-115.14	203.16	0.07	-0.12	-163.1	189.45	-0.08	0.8
-108.29	203.16	0.02	-0.26	-156.24	189.45	-0.23	0.66
-101.43	203.16	0.02	-0.25	-149.39	189.45	-0.52	-0.11
-94.58	203.16	0.03	-0.08	-142.54	189.45	-0.14	0.05

续表 4-3

x	y	u	v	x	y	u	v
-87.73	203.16	0	-0.01	-135.69	189.45	-0.02	0.71
-80.88	203.16	0.08	0	-128.84	189.44	-0.14	0.43
-74.02	203.15	0.04	-0.21	-121.98	189.44	0.13	0.51
-67.17	203.15	-0.13	-0.37	-115.13	189.44	0.5	0.8
-60.32	203.15	-0.13	-0.25	-108.28	189.44	-0.82	0.83
-53.47	203.15	-0.04	-0.14	-101.43	189.44	-0.86	0.44
-46.62	203.15	0	-0.05	-94.57	189.44	-0.41	0.16
-39.76	203.15	0.02	-0.08	-87.72	189.43	0.6	0.24
-32.91	203.14	-0.07	-0.09	-80.87	189.43	0.31	0.5
-26.06	203.14	-0.02	0.01	-74.02	189.43	-0.02	0.4
-19.21	203.14	-0.01	-0.08	-67.16	189.43	-0.08	0.7

通过比对表 4-1、表 4-2、表 4-3 可知,在相同坐标位置下,布置悬栅能有效增大瞬时速度,且布置双层悬栅时速度值更大,符合观测结果。根据测得的矢量速度,可以清晰地描绘出悬栅周围旋涡的分布情况,由于垂直向悬栅的影响,布置双层悬栅时周围产生更多旋涡,水流碰撞产生的旋涡耗散也更大。

4.3 对比分析优化试验悬栅消能工

4.3.1 对比优化试验

4.3.1.1 对比优化试验水流流态

消力池内保持渥奇段悬栅垂直于消力池底板的高度固定,进行单层悬栅布置,通过 PIV 系统可以较为清晰地观测到消力池内水流流态(图 4-15)。此时,水流的跃前断面水深较小,水跃位置相对靠后,水流流速相对较大,水流对边墙冲击较大,消力池下游段出流较稳,悬栅消力池消能效果较为理想。

消力池内保持渥奇段悬栅垂直于反弧段的高度固定,进行 M 形双层悬栅布置,通过 PIV 系统可以较为清晰地观测到消力池内水流流态(图 4-16)。此时,水流的跃前断面水深较大,水跃位置相对靠前,水流流速相对较大,旋涡运动更加显著,水流对边墙冲击更大,消力池下游段出流较前述工况平稳,悬栅消力池消能效果理想。

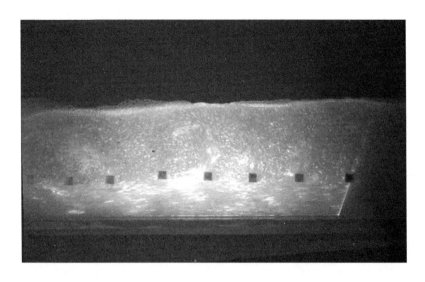

图 4-15   保持渥奇段悬栅垂直于消力池底板的高度固定,单层悬栅下水流流态

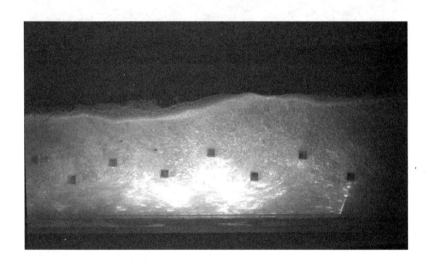

图 4-16   保持渥奇段悬栅垂直于反弧段的高度固定,M 形双层悬栅下水流流态

消力池内保持渥奇段悬栅垂直于反弧段的高度固定,进行不规则双层悬栅布置,通过 PIV 系统可以较为清晰地观测到消力池内水流流态(图 4-17)。此时水流的跃前断面水深较大,水跃位置相对靠前,消力池内水流流速相对布置 M 形双层悬栅较大,消力池下游段出流不平稳,悬栅消力池消能效果较为理想。

4.3.1.2   对比优化试验流场分布

消力池内保持渥奇段悬栅垂直于消力池底板的高度固定,进行单层悬栅布置时,PIV Process 流场处理系统得到的悬栅周围流场的分布如图 4-18 所示。

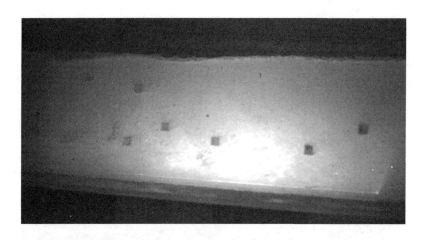

图 4-17　保持渥奇段悬栅垂直于反弧段的高度固定,不规则双层悬栅下水流流态

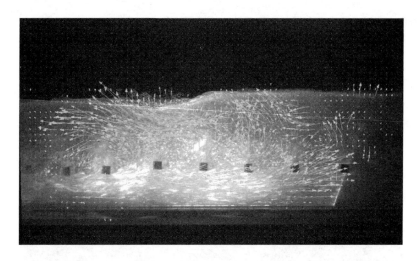

图 4-18　保持渥奇段悬栅垂直于消力池底板的高度固定,单层悬栅下周围流场分布

　　消力池内保持渥奇段悬栅垂直于消力池底板的高度固定,进行单层悬栅布置时,PIV Process 流场处理系统得到的单层悬栅下对应坐标 u、v 值见表 4-4。

表 4-4　保持渥奇段悬栅垂直于消力池底板的高度固定,单层悬栅下 u、v 值(单位:m/s)

x	y	u	v	x	y	u	v
-211.07	203.18	-0.08	-0.22	8.21	189.41	0.17	0.29
-204.22	203.18	-0.11	0.27	15.06	189.41	-0.17	0.2
-197.37	203.18	0.04	0.41	21.92	189.41	-0.16	0.28
-190.51	203.18	0.1	0.26	28.77	189.41	0.03	0.49
-183.66	203.18	-0.04	0.24	35.62	189.41	0.06	0.22

x	y	u	v	x	y	u	v
−176.81	203.18	−0.05	0.22	42.47	189.41	0.25	0.09
−169.96	203.17	0.07	0.07	49.32	189.4	0.12	0.27
−163.1	203.17	0.02	0.07	56.18	189.4	−0.11	−0.05
−156.25	203.17	0.02	0.12	63.03	189.4	−0.11	−0.02
−149.4	203.17	0.16	0.16	69.88	189.4	−0.05	0.06
−142.55	203.17	0.07	0.35	76.73	189.4	0.12	−0.09
−135.7	203.17	−0.07	0.33	83.59	189.4	0.1	−0.12
−128.84	203.17	−0.09	0.24	90.44	189.4	0.12	−0.18
−121.99	203.16	−0.04	0.27	97.29	189.39	0.13	−0.23
−115.14	203.16	−0.01	0.27	104.14	189.39	0.15	−0.34
−108.29	203.16	−0.02	0.24	111	189.39	0.01	−0.29
−101.43	203.16	0.09	0.2	117.85	189.39	−0.03	−0.18
−94.58	203.16	0.15	0.3	124.7	189.39	0.08	0.41
−87.73	203.16	0.1	0.35	131.55	189.39	−0.08	0.51
−80.88	203.16	0	0.35	138.4	189.39	0.01	0.33
−74.02	203.15	−0.04	0.34	145.26	189.38	−0.02	0.06
−67.17	203.15	−0.14	0.22	152.11	189.38	−0.09	−0.09
−60.32	203.15	−0.09	0.22	158.96	189.38	−0.11	−0.1
−53.47	203.15	0.08	0.29	165.81	189.38	−0.03	−0.15
−46.62	203.15	0.1	0.29	172.67	189.38	0.03	−0.27
−39.76	203.15	−0.03	0.16	179.52	189.38	0.03	−0.22
−32.91	203.14	−0.14	0.18	186.37	189.37	−0.08	−0.01
−26.06	203.14	0.05	0.2	193.22	189.37	−0.01	−0.03
−19.21	203.14	0.02	0.17	200.08	189.37	−0.04	0
−12.35	203.14	−0.02	0.33	206.93	189.37	−0.04	0.02

消力池内保持渥奇段悬栅垂直于反弧段的高度固定,进行 M 形双层悬栅布置时,PIV Process 流场处理系统得到的悬栅周围流场的分布如图 4-19 所示。

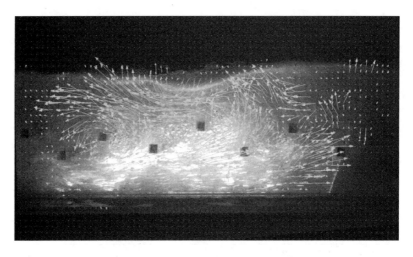

图 4-19　保持渥奇段悬栅垂直于反弧段的高度固定，M 形双层悬栅下周围流场分布

　　消力池内保持渥奇段悬栅垂直于反弧段的高度固定，进行 M 形双层悬栅布置时，PIV Process 流场处理系统得到的双层悬栅下对应坐标 u、v 值见表 4-5。

表 4-5　保持渥奇段悬栅垂直于反弧段的高度固定，M 形双层悬栅下 u、v 值（单位：m/s）

x	y	u	v	x	y	u	v
−211.07	203.18	−0.04	0.29	8.21	196.27	0.03	0.22
−204.22	203.18	−0.09	0.14	15.06	196.27	0.19	0.1
−197.37	203.18	−0.06	−0.11	21.91	196.27	0.06	−0.04
−190.51	203.18	−0.23	0.04	28.76	196.27	0.01	0
−183.66	203.18	−0.23	0.05	35.62	196.27	0.12	−0.02
−176.81	203.18	−0.13	−0.07	42.47	196.27	0.06	−0.17
−169.96	203.17	−0.03	−0.1	49.32	196.27	−0.06	−0.28
−163.1	203.17	−0.02	−0.06	56.17	196.26	−0.05	−0.2
−156.25	203.17	0	−0.02	63.03	196.26	0.04	−0.05
−149.4	203.17	−0.04	−0.09	69.88	196.26	0.04	−0.02
−142.55	203.17	0	0.02	76.73	196.26	0.02	−0.05
−135.7	203.17	0.12	0.14	83.58	196.26	0.08	−0.05
−128.84	203.17	0.02	−0.01	90.43	196.26	−0.09	−0.09
−121.99	203.16	0	−0.07	97.29	196.26	0.01	0
−115.14	203.16	0.05	0.01	104.14	196.25	−0.05	0.11
−108.29	203.16	−0.05	0.1	110.99	196.25	−0.02	0.09
−101.43	203.16	−0.04	0.15	117.84	196.25	0.05	0.08

x	y	u	v	x	y	u	v
-94.58	203.16	0.02	0.08	124.7	196.25	0.05	0.15
-87.73	203.16	0.02	0.04	131.55	196.25	0.01	0.08
-80.88	203.16	0.01	0.06	138.4	196.25	0.04	0.08
-74.02	203.15	-0.02	-0.12	145.25	196.24	0.05	0.18
-67.17	203.15	0	-0.18	152.11	196.24	0.06	-0.02
-60.32	203.15	-0.02	-0.04	158.96	196.24	-0.05	0.02
-53.47	203.15	0.03	0.09	165.81	196.24	-0.07	0.02
-46.62	203.15	0.01	0.16	172.66	196.24	-0.09	-0.11
-39.76	203.15	-0.07	0.14	179.51	196.24	-0.06	-0.18
-32.91	203.14	-0.1	0.11	186.37	196.24	-0.08	-0.12
-26.06	203.14	-0.03	0.08	193.22	196.23	0	-0.01
-19.21	203.14	-0.03	-0.05	200.07	196.23	0	-0.17
-12.35	203.14	-0.01	-0.1	206.92	196.23	-0.15	-0.17

消力池内保持渥奇段悬栅垂直于反弧段的高度固定,进行不规则双层悬栅布置时,消力池内消能效果不太理想,水流没有规律性,故不对该工况进行流场分析。

通过比对表 4-4、表 4-5 可知,在相同坐标位置下,双层悬栅下速度值更大,符合观测结果。对比第 4.2.3.2 小节试验结果可知,优化了渥奇段悬栅布置形式后,消力池消能率有所提高,见表 4-6。

表 4-6　消力池内布置悬栅前后消能率等的变化

试验序号	渥奇段悬栅优化情况	栅距 b_1(cm)	栅条数量 n(根)	层距 b_2(cm)	层数	最大水深 H_1(cm)	水深变化 H_2(cm)	消能率 η(%)	水跃现象
1	优化前	—	—			16.20	—	72.21	远驱式水跃
2	优化前	5.5	13	—	1	14.85	1.35	74.34	淹没式水跃
3	优化前	12	13	4	2	14.70	1.50	74.43	淹没式水跃
4	优化后	5.5	13		1	14.77	1.43	75.18	淹没式水跃
5	优化后	12	13	4	2	14.67	1.58	75.49	淹没式水跃

由表 4-6 可见,对渥奇段进行优化能有效提高消力池消能率,而渥奇段悬栅高度的下降引起旋涡高度下降,是消能率变化的关键。

4.3.2 分析不同试验条件下的消能工

消力池内保持渥奇段悬栅垂直于消力池底板的高度固定,进行单层悬栅布置时,将 PIV Process 流场处理系统得到的悬栅周围流场的分布数据载入 Tecplot 软件,所得的流场分布如图 4-20 所示。

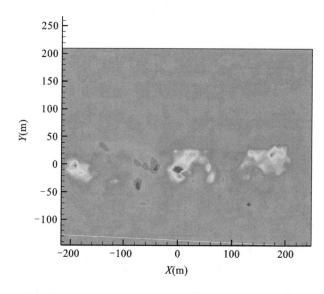

图 4-20　保持渥奇段悬栅垂直于消力池底板的高度固定,单层悬栅下流场分布图

消力池内保持渥奇段悬栅垂直于反弧段的高度固定,进行 M 形双层悬栅布置时,将 PIV Process 流场处理系统得到的悬栅周围流场的分布数据载入 Tecplot 软件,所得的流场分布如图 4-21 所示。

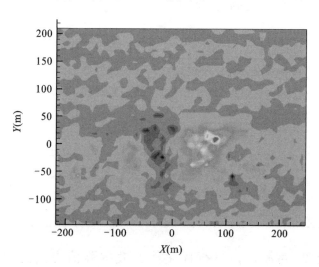

图 4-21　保持渥奇段悬栅垂直于反弧段的高度固定,M 形双层悬栅下流场分布图

对比之前做过的悬栅模型试验流场分布图可以看出,随着渥奇段悬栅高度的下降,水流碰撞悬栅产生旋涡更加迅速,水流流速明显下降,旋涡的高度随之降低,旋涡下通过的水流随之减少,水流流态更加平稳。悬栅的位置改变后,水流绕悬栅的绕流旋涡运动也不尽相同,不同悬栅之间的旋涡相互作用、互相碰撞,水流的动能在旋涡耗散中迅速消失在水中,从而达到了悬栅消能工消能的目的。

4.4 悬栅消能机理分析

比较 PIV Process 流场处理软件处理结果及数值模拟计算结果,得到消力池内未布置悬栅、布置单层悬栅以及布置双层悬栅的流速分布对比图,如图 4-22～图 4-24 所示。

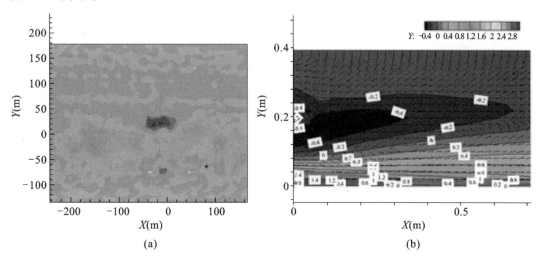

图 4-22 未布置悬栅流速分布对比图

(a)PIV Process 流场处理软件所得未布置悬栅流速分布;(b)数值模拟计算所得未布置悬栅流速分布

对比 3 种设计方案下通过 Tecplot 软件所得到的流场分布图可以看出,在布置单层悬栅后,对比未布置悬栅的设计方案,由于悬栅的存在,水流经过的时候发生碰撞并产生旋涡,对悬栅进行绕流运动,水流在碰撞的过程中损失了部分动能,水流流速减小;在布置双层悬栅后,由于垂直方向上存在多根悬栅,水流经过的时候,不仅受到水平断面上悬栅的影响,同时水流在回旋上升的过程中还受到垂直面上悬栅的影响,从而使水流产生旋涡的能力相对增大,受到悬栅影响的水流更多,相对从悬栅下方通过的水流减少,水流更稳。

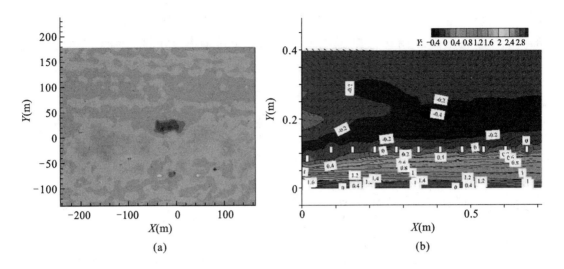

图 4-23　布置单层悬栅流速分布对比图

(a)PIV Process 流场处理软件所得单层悬栅流速分布;(b)数值模拟计算所得单层悬栅流速分布

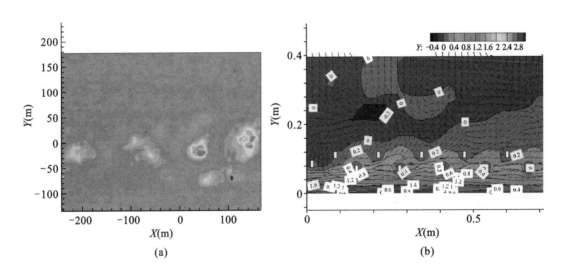

图 4-24　布置双层悬栅流速分布对比图

(a)PIV Process 流场处理软件所得双层悬栅流速分布;(b)数值模拟计算所得双层悬栅流速分布

由图 4-23(b)可以看出,水流在悬栅作用下相互碰撞、剪切形成旋涡,水流的速度减小,这和 PIV 系统测量的速度变化趋势类似,在悬栅附近相差不大,试验结果与数值模拟结果吻合良好。当消力池内布置双层悬栅时,由图 4-24(b)可以看出,水流在垂直方向的悬栅作用下,形成更多旋涡,受到悬栅影响的水流更多,水流更稳,这和 PIV 系统测量的速度变化趋势类似,在悬栅附近相差不大。

数值模拟的悬栅消力池的流速分布和 PIV 试验结果趋势相同,但 PIV 系统所测得的旋涡区比数值模拟的旋涡区略大,流速不太相同,因为 PIV 试验测量会受到设备精度、观测误差等因素影响,而数值模拟会受到网格划分、水流模型、求解方法等因素影响,存在差异是正常的。

通过 PIV 系统观测试验及数学模拟计算结果可以得知,由于水流在经过悬栅的同时产生碰撞、剪切等变形,在悬栅周围形成旋涡,水流经过绕流运动后,其动能转换为热能,消散在水中。也就是水流经过悬栅形成旋涡耗散,且在双层悬栅下,旋涡的产生更加迅速,能对水流起到很好的稳流作用。消力池内布置悬栅可以削弱水流大量的能量,以减小水流流过护坦时的速度。根据流体力学相关知识可知,水流在经过栅条后形成与栅条中心基本对称的旋涡,栅条的形状以及水流大小均不影响旋涡的大小。但是由于流体的黏性将导致能量耗散,旋涡强度将随时间衰减,因此通过布置一定间距的悬栅,可以有效保证旋涡的持续形成,以达到稳定消能的作用。在布置双层悬栅的时候,由于上下悬栅间旋涡的相互作用,水流能量耗散得更快,护坦处水流流态更平稳。水流在悬栅周围产生了大量的旋涡运动,由于悬栅分布较散,产生的旋涡分成连续变化的水股,当水股汇合时产生间断面,间断面破碎后形成新的旋涡,水的动能转化为不可逆转的热能而消散,大大提高了消能效率。由于水的动能大量流失转化为热能,在消力池末端,流向护坦的水流流速减小,对护坦的冲击减小,出流就相对平稳,悬栅能起到较好的消波稳流作用。

4.5 本章小结

本章结合消力池内悬栅消能工模型试验及数值模拟试验,对消力池内布置悬栅产生的消能作用进行了深入的分析。

通过结合模型试验和数值模拟计算结果,可以得出消力池内悬栅消能工产生消能作用的主要原因是:水流在经过悬栅的同时产生碰撞、剪切等变形,在悬栅周围形成旋涡,水流经过绕流运动后,其动能转换为热能,消散在水中。而双层悬栅因为在垂直方向也存在悬栅作用,水流相对单层悬栅更平稳。因此可以确定,消力池内布置悬栅可以消减水流大量的能量,以减小水流流过护坦时的速度。

根据流体力学相关知识可知,水流在经过栅条后形成与栅条中心基本对称的旋涡,栅条的形状以及水流大小均不影响旋涡的大小,但是由于流体的黏性将导致能量耗散,旋涡强度将随时间衰减,因此通过布置一定间距的悬栅,可以有效保证旋涡的持续形成,以达到稳定消能的作用。

5　消力池内单层悬栅消能效果研究

5.1　试验设计方法

5.1.1　正交设计

试验影响因子设计中应用最广泛的方法是正交设计,即通过安排多个因子试验,利用正交性选择部分有代表性的因子水平组合,从而安排部分试验代替全面试验,通过部分试验结果进行对比分析以了解全面试验,进而寻求最优水平组合。正交设计是一种高效率的试验方法。

正交设计的基本组成形式是正交表,较为常用的正交表有标准和非标准之分。如二水平中的 $L_4(2^3)$、四水平中的 $L_{16}(4^5)$ 和五水平中的 $L_{25}(5^6)$ 等属于标准表,$L_{12}(2^{11})$(二水平表)、$L_{18}(3^7)$、$L_{32}(4^9)$ 等属于非标准表。正交表是具有正交性、均衡分散性和综合可比性的一种试验表格形式,利用正交表进行的正交试验具有均衡分散性和整齐可比性的特点。均衡分散性就是均匀性,试验点均匀分布在试验区域以内,每个试验点都有代表性;整齐可比性就是综合可比性,可为试验结果分析提供便利,使得对试验各影响因子效应及交互作用效应的估计变得容易,可为分析各因子及其交互作用对试验目标的影响大小和变化规律提供帮助。为使正交设计试验具有整齐可比性,每个因子水平都必须重复进行全面试验。如果试验区域内的试验点得不到充分和均匀分散,会导致试验点的代表性减弱,从而使正交试验中均匀性具有一定的限制。

试验中正交设计的基本过程包括:预先选定进行试验的指标,固定试验影响因子并选取合适范围内的因子水平,最后选用合适的正交表编制试验方案。采用正交设计进行的试验,试验结果可以采用极差分析方法处理,便于分析试验结果并确定试验影响因子的主次和最优组合。

5.1.2 均匀设计

均匀设计是 1978 年由王元和方开泰共同提出的,是具有均匀性的一种新的因子设计方法。所谓均匀性,是指因素空间上试验点的均匀散布,保证试验因子的每一水平都在试验因子空间上出现,且仅出现一次,不仅能极大减少试验点,还能得到反映试验本身主要特征的试验结果。试验点在均匀设计分布中具有均匀性,故试验点的代表性较正交设计强。均匀设计最大的优点在于能最大程度减少试验工作量,因试验需要增加因子水平时,仅使均匀设计中的试验工作量小幅增加,这也是均匀设计的一个优点。

均匀设计区别于正交设计之处在于,无须考虑因子交互作用而按照因子水平表选择均匀设计表制定试验方案。由于均匀设计中因子水平较多,加之试验次数较少,分析试验结果时不宜采用方差分析法。在条件允许的情况下,可采用回归分析方法分析试验结果,通常使用线性回归或者是逐步回归方法。多年来,均匀设计理论发展迅速并能够在特定的稳健回归模型下达到最优,故被广泛应用于各个学科领域,而且利用均匀性来挑选因子水平组合的设计方式相比正交设计具有更多的选择性和更大的灵活性。

5.1.3 均匀正交设计

最优试验设计的出发点之一是,使试验设计兼具两个以上的优良性。对于给定的正交试验次数、因子水平数和列数,均匀正交设计是所有正交表集合中最好的均匀性设计。均匀正交设计兼备"正交"和"均匀"设计的优点,既具有均匀性,又具有正交性。在实际应用中,均匀正交设计具有避免大量重复试验,减少试验次数,提高试验效率,节省试验经费,较快得到试验结果,以最少的试验次数获得最好的试验结果等优点。这种方法是一种简单快捷的试验研究方法,被广泛应用于工农业生产和科学试验中,为试验数据整理分析的准确性和变化规律的正确性奠定了良好的基础。

5.1.4 均匀正交表

通常将试验要考察的变量称作因子,在一定试验范围内,被考察因子的值称为水平,试验中不考察的变量应尽量固定,试验因子之间总是存在着相互促进或相互抑制的关系。均匀正交设计的关键是试验因子的合理选择,这也对试验结果起到一定程度的影响。相比通常选用的标准正交表 $L_a(b^c)$，选用均匀正交表 $UL_a(b^c)$ 进行均匀正交设计，能明显减小试验过程中的混杂性和重复性，在 D-优良性程度上得到提高，即提高了 D-效率。

均匀正交表 $UL_9(3^4)$ 见表 5-1，通过选取试验中不同的影响因子和水平组成均匀正交表进行试验设计，其中 X_1、X_2、X_3、X_4 代表试验中 4 个影响因子，①、②、③代表试验中影响因子的 3 个水平。

表 5-1　均匀正交表

试验序号	X_1	X_2	X_3	X_4
1	①	①	②	①
2	①	②	①	③
3	①	③	③	②
4	②	①	③	③
5	②	②	②	②
6	②	③	①	①
7	③	①	①	②
8	③	②	③	①
9	③	③	②	③

5.2　投影寻踪回归研究方法

试验数据内部存在着某些关系和客观规律，找出这些关系和规律加以利用并得出结论，是进行科学试验的目的。极差分析、线性回归分析、投影寻踪回归分析是数据分析和处理常用的方法。

5.2.1　投影寻踪发展简介

投影寻踪（Projection Pursuit，简称 PP）最早于 20 世纪 70 年代被提出，是用于处理和分析高维空间数据的一种新的统计方法。其基本思想是，应用计算机将高维空间数据投影到 1～3 维的低维子空间上，可在很大程度上减小"维数祸根"产生的影响，排除与数据结构特征无关或关系较小的变量的干扰，能够有效处理非正态分布的高维数据和一些非线性问题。PP 虽以数据线性投影为基础,但查找的是线性投影中的非线性结构,能找出反映原高维空间数据的结构或特征投影,充分挖掘高维数据中非正态信息和规律并加以利用,准确找出高维空间试验数据的内在结构,评价各影响因子贡献大小。虽然 PP 具有计算量大、高度非线性问题处理不理想等缺点,但因其能将统计、数学和计算机三者结合起来,随着这三者的发展和技术进步,PP 将会有着更广阔的应用前景。

5.2.2 投影寻踪回归

投影寻踪回归(Projection Pursuit Regression,简称 PPR)是在投影寻踪(PP)的基础上进行数据回归分析,是与传统数据处理方法不同的全新的数学思维,事先不用对实际数据进行任何人为假定、分割或变换处理,不论数据分布是正态还是偏态,也不论其是白色量、灰色量、模糊量还是黑色系统,都可以进行有效的处理和分析[117]。因 PPR 无须假定数据分布类型,将人为确定回归模型,对不合理限制进行消除,有效突破了现行回归分析法自身的局限性,从而有效提高了回归方程的精度。PPR 既可对试验数据进行建模仿真,也可对试验数据进行分析处理,以得到影响因子权重值并找出优化区间。PPR 技术具有客观稳健、适用性好、建模快速、计算迅速、预报精度和稳定性较好等优点,目前已被广泛应用于试验优化和数据分析领域,并产生了很好的效应。

设 y 是因变量,x 是 p 维自变量,则 PPR 模型为:

$$\hat{y} = E(y|x) = y + \sum_{i=1}^{MU} \beta_i f_i (a_i^T x)$$

式中　MU——最优数值函数个数;

$\quad\quad\beta_i$——数值函数的贡献权重系数;

$\quad\quad f_i$——数值函数;

$\quad\quad a_i^T x$——i 方向的投影值,其中 $\| a_i \| = 1, i = 1, 2, \cdots, MU; a_i^T x = (a_{i1} + a_{i2} + \cdots + a_{ip})$。

5.3 悬栅布置形式的研究方法

目前,有关消力池内悬栅消能工的研究,多是在物理模型的基础上进行大量试验研究。如在新疆迪那河五一水库模型试验中,吴战营对导流洞出口消力池进行了大量试验工作,最终确定了悬栅最佳布置形式,试验次数多而且工作量大。在新疆吉林台一级水电站无压引水隧洞内消力池布置悬栅的模型试验中,李凤兰先进行了 71 组悬栅消力池试验,不仅试验工作量大,而且试验耗时较长,而后依据最邻近原则按均匀正交表反选了 9 组试验数据进行 PPR 建模,将剩余 62 组试验作预留检验。试验结果表明,依据 9 组近似均匀正交悬栅消力池模型试验能够准确预测出 62 组用于检验的试验观测值,有力证明了均匀正交试验设计的科学性和可靠性。若该试验采用严格均匀正交设计,则只需要9 组悬栅消力池模型试验的工作量就能取代 71 组模型试验的工作量,给模型试验工作带来事半功倍的效果。

底流消力池内悬栅消能工布置形式的影响因子主要有:悬栅栅高 h_s、栅距 b_s、数量 n_s 和体型。在不同工况下,悬栅布置形式对消能效果的影响不同。其中,流量 Q 是影响悬栅消能效果的试验因子。试验若选取 4 个影响因子,当采用四因子三水平进行全面试验时,需要进行 81 组模型试验,但采用四因子三水平进行均匀正交设计,即制定 $UL_9(3^4)$ 试验方案则只需要进行 9 组模型试验,可以用 9 组均匀正交试验完成 81 组全面试验的工作量。因此,在底流消力池内悬栅布置形式对消能效果的影响试验研究中,选用 9 组均匀正交试验设计方法,不仅能有效减少试验次数和缩短试验周期,而且同全面试验相比具有很大优越性。

试验中应用投影寻踪回归 PPR 非假定建模分析处理数据,从有限的 9 组均匀正交试验数据中,能够找出影响试验结果的主次因子和优化区间等。经过综合考虑和比选,对影响消能效果的悬栅布置形式试验的研究,可采用均匀正交试验设计结合投影寻踪回归分析的研究方法。

5.4　悬栅体型比选及布置参数对消能效果的影响研究

5.4.1　悬栅模型试验设计

5.4.1.1　悬栅及消力池模型设计

为研究悬栅消能工布置形式对底流消力池消能效果的影响,本次悬栅体型及消力池模型,借鉴新疆迪那河五一水库导流洞出口消力池的经验进行设计。综合考虑收缩断面流速、佛汝德数等因素,选取流量 $Q=8$ L/s 作为设计标准进行消力池模型设计,通过水力计算确定消力池模型尺寸,消力池模型池长85 cm,边墙高23 cm,池宽16 cm,池深7.5 cm。在消力池末端衔接矩形明槽。根据实验室供水和场地等条件进行消力池模型制作,整体模型由高约90 cm的水箱、圆形压力管道、池前矩形水槽、消力池、池后矩形水槽和量水设备组成。消力池和矩形水槽采用有机透明玻璃制作,经测定,模型满足相似准则要求。消力池内前6根布置断面形状为矩形和楔形两种不同体型的悬栅,采用有机玻璃制作悬栅栅条,栅条宽10 mm,厚16 mm,长度与消力池同宽。未布置悬栅的消力池模型结构尺寸见图5-1,布置悬栅后的消力池模型结构尺寸见图5-2,矩形悬栅和楔形悬栅尺寸见图5-3。

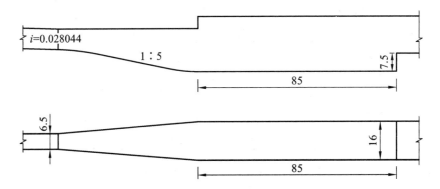

图 5-1   未布置悬栅的消力池模型结构尺寸(单位:cm)

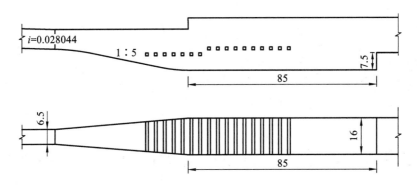

图 5-2   布置悬栅后消力池模型结构尺寸(单位:cm)

图 5-3   矩形悬栅和楔形悬栅尺寸(单位:mm)

5.4.1.2　悬栅布置参数的均匀正交设计

在 $UL_9(3^4)$ 均匀正交试验中,选取悬栅栅高 h_s、栅距 b_s、流量 Q 和体型作为影响因子。其中栅高 h_s 以栅条自身高度中点距消力池池底的绝对高度为基准,栅距 b_s 以相邻悬栅之间的净间距为基准。将流量 Q、栅距 b_s、栅高 h_s 的变幅分为三水平,悬栅体型分为矩形和楔形两水平,其余影响因素均作为试验固定条件。池内设置的 17 根悬栅,前 6 根悬栅侧重消能,通过改变悬栅体型来对比矩形或楔形悬栅消能效果。因此,将前 6 根悬栅布置在同一水平高度上且均距离消力池底 7 cm,悬栅间距 3 cm;第 7 根悬栅为矩形悬栅,与前 6 根悬栅间距 3 cm,栅高 h_s 介于前 6 根和后 10 根之间,起过渡作用;后 10 根悬栅侧重稳流作用,保持矩形悬栅体型不变,布置在距离消力池底同一水平高度上,通过改变栅高和栅距对比悬栅稳流效果。后 10 根悬栅高度 h_s 选取 8 cm、10 cm、12 cm 三水平,从第 7 根悬栅即后 11 根悬栅间距 b_s 选取 3 cm、4 cm、5 cm 三水平;流量 Q 选取 2 L/s、5 L/s、8 L/s 三水平。$UL_9(3^4)$ 均匀正交试验设计见表 5-2。

表 5-2　悬栅布置参数均匀正交试验设计

试验序号	栅高 h_s(cm)			栅距 b_s(cm)		悬栅体型		流量 Q (L/s)
	第1~6根	第7根	第8~17根	第1~7根	第8~17根	第1~6根	第7~17根	
1	7	7.5	8	3	3	矩形	矩形	5
2	7	7.5	8	3	4	楔形	矩形	2
3	7	7.5	8	3	5	楔形	矩形	8
4	7	8.5	10	3	3	楔形	矩形	8
5	7	8.5	10	3	4	矩形	矩形	5
6	7	8.5	10	3	5	矩形	矩形	2
7	7	9.5	12	3	3	楔形	矩形	5
8	7	9.5	12	3	4	矩形	矩形	8
9	7	9.5	12	3	5	楔形	矩形	5

5.4.2　悬栅消能效果的 PPR 建模及体型比选

5.4.2.1　最大水深 PP 预留检验及 PP 回归

为检验 PPR 模型预测精度,验证池内最大水深 PP 回归结果是否和预留检验结果相吻合,对布置悬栅后的底流消力池内最大水深进行 PPR 建模时,特保留未布置悬栅的 3 组消力池内最大水深试验数据做预留检验,池内最大水深 PP 预留检验结果见表 5-3。再对 9 组均匀正交设计最大水深试验数据进行 PPR 建模,反应投影灵敏度指标的光滑系数 $SPAN=0.1$，模型参数为 $N=9,P=4,Q=1,M=2,MU=1$，数值函数贡献权重及投影方向值分别为 $\beta=0.9962,\alpha=(0.8808,-0.4687,-0.0005,0.0659)$。池内最大水深 PP 回归结果见表 5-4。

表 5-3 池内最大水深 PP 预留检验结果

试验序号	实测值(cm)	预测值(cm)	绝对误差(cm)	相对误差
1	12.27	11.918	−0.352	−2.9%
2	15.75	14.214	−1.536	−9.8%
3	19.01	17.289	−1.721	−9.1%
合格项:3		合格率:100%		

表 5-4 池内最大水深 PP 回归结果

试验序号	实测值(cm)	拟合值(cm)	绝对误差(cm)	相对误差
1	14.903	15.1	0.197	1.30%
2	12.175	11.918	−0.257	−2.10%
3	17.705	18.014	0.309	1.70%
4	18.69	18.434	−0.256	−1.40%
5	15.563	15.298	−0.265	−1.70%
6	12.085	12.119	0.034	0.30%
7	12.238	12.542	0.304	2.50%
8	18.603	18.634	0.031	0.20%
9	15.602	15.505	−0.097	−0.60%
合格项:9		合格率:100%		

由表 5-3 所示预留检验结果可知，实测值与预测值绝对误差较小，在 ±1.8 cm 以内，相对误差在 ±9.8% 以内，合格率 100%；表 5-4 中试验数据实测值和拟合值吻合较好，绝对误差在 ±0.4 cm 以内，相对误差在 ±2.5% 以内，满足试验误差要求。说明采用 PPR 模型能客观描述高维、非正态的试验数据规律，因此利用 PPR 模型进行数据分析是可行的，试验结果可靠。

5.4.2.2 消能率 PP 预留检验及 PP 回归

对布置悬栅后的消力池消能率进行 PPR 建模时，将未布置悬栅的 3 组消力池消能率试验数据做预留检验，消能率 PP 预留检验结果见表 5-5。对 9 组均匀正交设计悬栅消力池消能率试验数据进行 PPR 建模，反应投影灵敏度指标

的光滑系数 $SPAN=0.6$，模型参数为 $N=9,P=4,Q=1,M=4,MU=2$，数值函数贡献权重及投影方向值分别为 $\beta=(1.0111,0.2391)$，$\alpha_1=(-0.2847,0.0215,0.9582,0.0152)$，$\alpha_2=(-0.2186,-0.2897,0.9317,0.0000)$。悬栅消力池消能率 PP 回归结果见表5-6。

表 5-5　消能率 PP 预留检验结果

试验序号	实测值(cm)	预测值(cm)	绝对误差(cm)	相对误差
1	0.608	0.658	0.050	8.3%
2	0.746	0.754	0.008	1.1%
3	0.768	0.822	0.054	7.0%
合格项:3		合格率:100%		

表 5-6　消能率 PP 回归结果

试验序号	实测值(cm)	拟合值(cm)	绝对误差(cm)	相对误差
1	0.742	0.747	0.006	0.8%
2	0.604	0.597	−0.007	−1.1%
3	0.784	0.794	0.011	1.4%
4	0.782	0.774	−0.008	−1.0%
5	0.733	0.712	−0.020	−2.8%
6	0.600	0.607	0.007	1.1%
7	0.588	0.598	0.011	1.8%
8	0.773	0.781	0.008	1.0%
9	0.732	0.725	−0.007	−1.0%
合格项:9		合格率:100%		

由表5-5可知，消能率实测值与预测值绝对误差较小，相对误差在8.3%以内，合格率达100%；由表5-6中消能率 PP 回归结果可知，9组均匀正交试验数据实测值和拟合值吻合较好，绝对误差在±0.02以内，相对误差在±2.8%以内，满足试验误差要求。

5.4.2.3　最大水深相对权重及等值线图

试验中影响因子的相对权重值越大，说明该因子对试验结果影响越大。表5-7列出了布置悬栅后消力池内最大水深的各影响因子相对权重。根据楔形和矩形悬栅消力池最大水深 PPR 仿真数据,采用 Surfer 8.0 软件绘制楔形悬栅和矩形悬栅最大水深等值线图,如图 5-4 和图 5-5 所示。

表 5-7　池内最大水深影响因子相对权重

权序	影响因子	相对权重值
1	流量 Q	1.00000
2	栅高 h_s	0.08903
3	栅距 b_s	0.02368
4	悬栅体型	0.00016

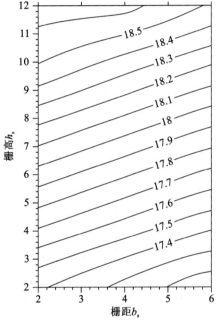

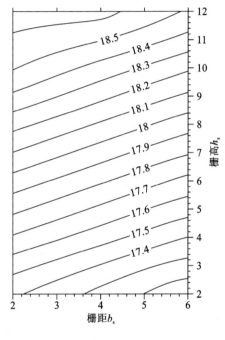

图 5-4　楔形悬栅最大水深等值线图　　　图 5-5　矩形悬栅最大水深等值线图

　　由表 5-7 可知,对池内最大水深影响最大的是流量 Q,其次是栅高 h_s 和栅距 b_s,悬栅体型影响最小。从图 5-4 和图 5-5 中可以看出,无论是矩形悬栅还是楔形悬栅,最大水深等值线图变化趋势一致,说明悬栅体型对池内最大水深影响不明显。其中栅高和栅距对消力池内最大水深呈正相关影响,若二者选取合理可以最大程度减小池内最大水深。经仿真优化后,消力池内最大水深可降至 17.13 cm,降幅达 9.89%。

5.4.2.4　消能率相对权重及等值线图

　　布置悬栅后消力池消能率影响因子相对权重见表 5-8。对试验数据进行

PPR 仿真优化,通过整理楔形和矩形悬栅消能率绝对值影响因子 PPR 仿真数据,采用 Surfer 8.0 软件绘制直观形象的等值线图,以分析悬栅布置参数对消能率的影响。在不同悬栅体型下,矩形和楔形悬栅栅高、栅距对消能率影响的等值线图,如图 5-6 和图 5-7 所示。

表 5-8　悬栅消力池消能率影响因子相对权重

权序	影响因子	相对权重值
1	流量 Q	1.0000
2	悬栅体型	0.2014
3	栅高 h_s	0.1579
4	栅距 b_s	0.1023

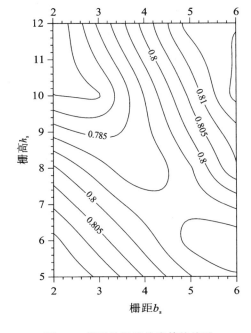

图 5-6　楔形悬栅消能率等值线图

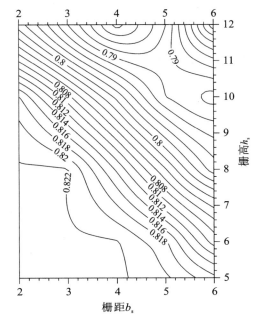

图 5-7　矩形悬栅消能率等值线图

由表 5-8 可知,流量 Q 的相对权重值为 1.0000,悬栅体型的相对权重值为 0.2014,栅高 h_s 和栅距 b_s 相对权重值分别为 0.1579 和 0.1023,说明对消能率影响最大的因子是流量 Q,其次是悬栅体型和 h_s,b_s 影响最小。由图 5-6 和图 5-7 可以看出,栅高对消能率影响较栅距明显,矩形悬栅消能率高值区间明显多于楔形悬栅,故矩形悬栅体型优于楔形悬栅。单从悬栅自身尺寸来分析,矩形悬栅阻水面积大于楔形,对水流的阻水作用也优于楔形悬栅,对消减水体能量有更好的作用。

综上所述,悬栅体型对消力池内最大水深影响最小,但对消能率影响较大,而矩形悬栅消能率高值区多于楔形悬栅,矩形悬栅阻水面积大于楔形悬栅,对水流的阻水作用优于楔形悬栅。经过悬栅体型比选,最终确定矩形悬栅为最优悬栅体型。

5.4.3 矩形悬栅布置参数对消能效果的影响研究

5.4.3.1 矩形悬栅因子选取及均匀正交试验设计

在前期悬栅体型比选试验研究中,没有考虑悬栅数量对消能效果的影响,在消力池内布置 17 根悬栅,选取栅高 h_s、栅距 b_s 和悬栅体型布置参数进行均匀正交设计及投影寻踪回归。因此在进一步探讨悬栅布置参数对消能效果影响的研究工作中,在设计流量工况下,将悬栅栅条数量 n_s 也作为影响消能效果的因子,最终选取栅条数量 n_s、栅高 h_s、栅距 b_s 为此次试验影响因子,将矩形悬栅体型作为固定条件处理。此次试验依然选用 $UL_9(3^4)$ 对矩形悬栅栅高 h_s、栅距 b_s、数量 n_s 进行均匀正交试验设计,前 6 根矩形悬栅布置在同一水平高度上且均距离消力池底 7 cm,悬栅间距 3 cm;后置的其余矩形悬栅布置在距离消力池底同一水平高度上,通过改变矩形悬栅栅高 h_s 和栅距 b_s 对比稳流消能效果。从第 6 根矩形悬栅起,将栅高 h_s、栅距 b_s、栅条数量 n_s 的变幅分为三级,栅高 h_s 从 7.5 cm 到 11.5 cm,取 2 cm 间隔为一个水平;栅距 b_s 从 3 cm 到 5 cm,取 1 cm 间距为一个水平;栅条数量 n_s 选取从 8 根到 16 根,取 4 根悬栅数量间隔为一个水平。悬栅消力池内矩形悬栅消能效果影响因子水平见表 5-9,均匀正交试验设计见表 5-10。

表 5-9 消能效果影响因子水平

水平	栅高 h_s(cm)	栅距 b_s(cm)	悬栅数量 n_s(根)
1	7.5	3	8
2	9.5	4	12
3	11.5	5	16

表 5-10 消能效果影响因子均匀正交试验设计

试验序号	栅高 h_s(cm)		栅距 b_s(cm)		悬栅体型	悬栅数量 n_s(根)
	第1~6根	第7~17根	第1~6根	第7~17根		
1	7	7.5	3	3	矩形	12
2	7	7.5	3	4	矩形	8
3	7	7.5	3	5	矩形	16
4	7	9.5	3	3	矩形	16

试验序号	栅高 h_s(cm)		栅距 b_s(cm)		悬栅体型	悬栅数量 n_s(根)
	第1~6根	第7~17根	第1~6根	第7~17根		
5	7	9.5	3	4	矩形	12
6	7	9.5	3	5	矩形	8
7	7	11.5	3	3	矩形	8
8	7	11.5	3	4	矩形	16
9	7	11.5	3	5	矩形	12

5.4.3.2　矩形悬栅消能效果分析

在流量 $Q=8$ L/s 工况下,消力池布置悬栅前后水流流态发生明显变化,未布置悬栅消力池内水流流态见图 5-8;均匀正交试验设计方案中,悬栅不同布置参数条件下消力池内水流流态见图 5-9~图 5-11。由图可知,消力池布置矩形悬栅后对水流流态有较好的稳定作用。主要原因是水流在矩形悬栅周围形成旋涡,并与矩形悬栅上下接触面摩擦,通过在消力池内矩形悬栅周围形成的绕流和回流运动来消耗入池水体携带的大量机械能,进而达到稳流消能作用。

图 5-8　未布置悬栅消力池内水流流态

图 5-9　均匀正交试验设计方案 2

图 5-10　均匀正交试验设计方案 4

图 5-11　均匀正交试验设计方案 7

由图 5-8 可知,未布置矩形悬栅消力池内水面上下波动剧烈,流态紊乱无序,水流溢出边墙、护坦后水流表面波动明显,产生较高涌浪现象。图 5-9 所示均匀正交试验设计方案 2 和图 5-11 所示均匀正交试验设计方案 7 中布置 8 根矩形悬栅,池内流态均较未布置悬栅的消力池好,出池后的水流较为平顺地流入下游渠道中,削弱了下游水面明显波动现象。图 5-10 所示均匀正交试验设计方案 4 中布置 16 根矩形悬栅,由于矩形悬栅数量增多,可以明显看出,相比均匀正交试验设计方案 2 和方案 7,方案 4 中悬栅对池内最大水深消减程度明显且流态较稳定,水流出池后没有出现较高涌浪,水流涌动较小。

试验中先对未布置悬栅的消力池进行沿程水深及池内最大水深测量,在消力池布置矩形悬栅后,对 9 组均匀正交试验设计方案依次进行试验数据测量,消力池内实测最大水深 h_m 和消能率 η 计算结果见表 5-11。

表 5-11 均匀正交试验消能结果

试验序号	1	2	3	4	5	6	7	8	9
最大水深 h_m(cm)	19.198	19.295	18.065	19.168	18.702	19.365	19.463	18.485	19.205
消能率 η(%)	74.279	75.084	75.277	75.296	74.353	75.201	74.733	75.388	75.416

5.4.3.3 消能效果 PPR 建模及单因子分析

通过分析大量试验数据可知,矩形悬栅对提高消能率作用并不明显,但对消力池内最大水深有显著影响,因此试验着重研究栅高、栅距和矩形悬栅数量改变对消力池内最大水深的影响,明确池内最大水深主次影响因子。对 9 组矩形悬栅消力池内最大水深试验数据进行 PPR 建模,反映投影灵敏度指标的光滑系数 $SPAN=0.6$,模型参数为 $N=9,P=3,Q=1,M=5,MU=4$。数值函数贡献权重及投影方向值为 $\beta=(0.7971,0.2059,0.3194,0.1658)$,$\alpha_1=(0.2387,-0.9065,-0.3488)$,$\alpha_2=(-0.4882,0.8468,0.2108)$,$\alpha_3=(-0.0478,-0.9963,0.0713)$,$\alpha_4=(0.0974,-0.9965,0.2376)$。矩形悬栅消力池内最大水深 PP 回归结果见表 5-12。

表 5-12 矩形悬栅消力池内最大水深 PP 回归结果

试验序号	实测值(cm)	预测值(cm)	绝对误差(cm)	相对误差
1	19.198	19.245	0.047	0.20%
2	19.295	19.169	−0.126	−0.70%
3	18.065	18.067	0.002	0.00%
4	19.168	19.031	−0.137	−0.70%
5	18.702	18.894	0.192	1.00%
6	19.365	19.448	0.083	0.40%
7	19.462	19.468	0.006	0.00%
8	18.485	18.561	0.076	0.40%
9	19.205	19.06	−0.145	−0.80%
合格项:9		合格率:100%		

运用 PPR 技术对矩形悬栅消力池内最大水深进行单因子分析,将 h_s、b_s、n_s 三因子变幅分为五等水平,规定每次只变动一个影响因子,并保持其他影响因子处于中等水平。矩形悬栅消力池内最大水深 PPR 单因子分析结果见表 5-13,矩形悬栅消力池内最大水深各因子影响效应见图 5-12。

表 5-13　矩形悬栅消力池内最大水深 PPR 单因子分析

流量 $Q(\text{L/s})$	最大水深 $h_{\text{m}}(\text{cm})$	栅高 $h_{\text{s}}(\text{cm})$	栅距 $b_{\text{s}}(\text{cm})$	栅条数量 $n_{\text{s}}(根)$	变动因子	极差
8	18.764	7.5	4	12		
8	18.804	8.5	4	12		
8	18.845	9.5	4	12	h_{s}	0.167
8	18.889	10.5	4	12		
8	18.934	11.5	4	12		
8	19.094	9.5	3	12		
8	18.924	9.5	3.5	12		
8	18.845	9.5	4	12	b_{s}	0.315
8	18.789	9.5	4.5	12		
8	18.779	9.5	5	12		
8	19.417	9.5	4	8		
8	19.079	9.5	4	10		
8	18.845	9.5	4	12	n_{s}	0.825
8	18.661	9.5	4	14		
8	18.592	9.5	4	16		

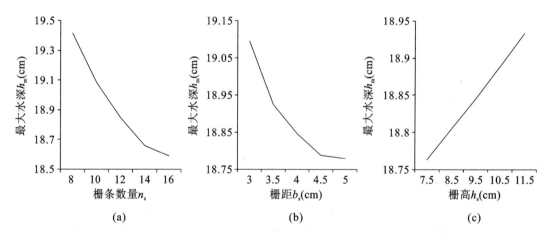

图 5-12　矩形悬栅消力池内最大水深各因子影响效应

由表 5-12 可知,池内最大水深实测值和预测值两者拟合较好,绝对误差在 $\pm 0.2\text{ cm}$ 以内,相对误差在 $\pm 1.0\%$ 以内,合格率达 100%,满足试验误差要求。由表 5-13 可知,当变动 h_{s} 因子时,极差为 0.167;变动 b_{s} 因子时,极差为 0.315;

变动 n_s 因子时,极差为 0.825。由极差分析可知,变动 n_s 因子时,极差最大,对最大水深影响最显著;变动 h_s 因子时,极差最小,对池内最大水深影响最小。由此可以判断出,池内对最大水深影响最显著的因子是栅条数量 n_s,其次为栅距 b_s,最后是栅高 h_s。由图 5-12 同样可以看出,矩形悬栅各因子对池内最大水深影响的大小。

5.4.3.4 矩形悬栅布置参数相对权重及等值线图

矩形悬栅消力池中 h_s、b_s、n_s 布置参数的相对权重值,决定着它们对池内最大水深影响的程度,池内最大水深影响因子相对权重见表 5-14。应用 PPR 技术对池内最大水深试验数据进行仿真优化,通过整理矩形悬栅消力池内最大水深 PPR 仿真数据,采用 Surfer 8.0 软件绘制矩形悬栅消力池内最大水深影响因子等值线图,见图 5-13。

表 5-14 消力池内矩形悬栅布置参数的相对权重

权序	影响因子	相对权重值
1	栅条数量 n_s	1.000
2	栅距 b_s	0.820
3	栅高 h_s	0.248

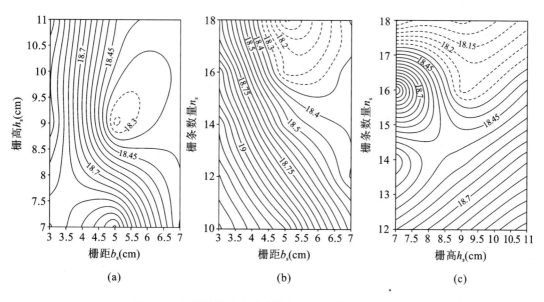

图 5-13 矩形悬栅消力池内最大水深影响因子等值线图

(a)栅条数量 n_s=16 根;(b)栅高 h_s=9 cm;(c)栅距 b_s=5 cm

由表 5-14 可知,矩形栅条数量 n_s 的相对权重值为 1.000,栅距 b_s 的相对权重值为 0.820,栅高 h_s 的相对权重值为 0.248,说明矩形栅条数量 n_s 对池内最大水深影响最大,其次是栅距 b_s,栅高 h_s 影响最小,这也与前述单因子分析矩形悬栅消力池内最大水深结果保持一致。

由图 5-13 中三幅等值线图可知,当栅距 b_s 从 3 cm 变化到 7 cm,栅高 h_s 从 7 cm 变化到 11 cm,矩形栅条数量 n_s 从 10 根变化到 18 根,池内最大水深随栅高 h_s 变化不大,但随着矩形栅条数量 n_s 增多、栅距 b_s 增大,池内最大水深呈明显降低趋势。在栅高 h_s = 9 cm,栅距 b_s = 5 cm,矩形栅条数量 n_s = 16 时,消力池内最大水深由未布置悬栅时的 20.068 cm 消减到 18.233 cm,降幅达 9.14%。

5.5 矩形悬栅布置相对值参数对消能效果的影响研究

5.5.1 矩形悬栅模型试验设计

5.5.1.1 矩形悬栅及消力池模型设计

前期消力池模型并没有达到预期试验结果,消力池内水跃佛汝德数及收缩断面流速没有达到理想条件。为探讨悬栅在不同消力池尺寸内的布置形式规律,选取流量 Q = 15 L/s 作为消力池模型设计标准,并通过相关水力计算确定消力池模型尺寸,消力池池长 120 cm,边墙高 39.5 cm,池宽 18 cm,池深 10 cm。根据实验室现有供水和场地等条件,整体物理模型由高约 3 m 的水箱、圆形压力管道、池前矩形水槽、消力池、池后矩形水槽和量水设备组成。为使水流由有压流更好地过渡到明流流态,消力池前端连接的矩形水槽宽度 7 cm,长度 3.65 m,其后端连接的矩形水槽宽度 18 cm,长度 3.7 m,模型总长约 9.3 m。消力池和矩形水槽采用有机透明玻璃制作,消力池内布置的矩形悬栅采用有机玻璃制作,栅条宽 10 mm,厚 20 mm。未布置悬栅消力池结构尺寸见图 5-14,布置矩形悬栅消力池结构尺寸见图 5-15,矩形悬栅尺寸见图 5-16。

5.5.1.2 矩形悬栅布置形式及试验结果

为对比布置矩形悬栅前后消力池内水流流态及消能效果变化,在流量 Q = 11 L/s、Q = 13 L/s、Q = 15 L/s 条件下,采用水位测针先对未布置悬栅的消力池沿程断面水深及池内最大水深进行观察、测量并记录试验数据。随后在消力池内布置矩形悬栅,在流量 Q = 11 L/s、Q = 13 L/s、Q = 15 L/s 条件下,选取栅

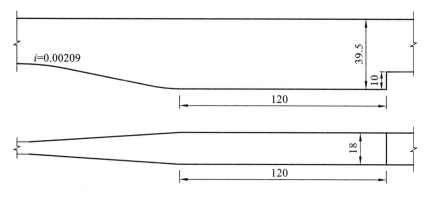

图 5-14　未布置悬栅消力池结构尺寸(单位:cm)

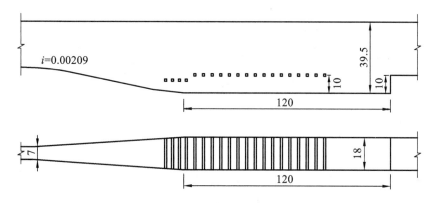

图 5-15　布置矩形悬栅消力池结构尺寸(单位:cm)

图 5-16　矩形悬栅尺寸(单位:mm)

高 h_s、栅距 b_s 和栅条数量 n_s 为试验变量,通过改变 h_s、b_s 和 n_s 三个试验因子得到不同矩形悬栅布置形式试验方案。试验中在消力池模型渥奇段布置 4 根矩形悬栅,并将这 4 根矩形悬栅布置在同一水平高度上且距离消力池池底 7 cm,各矩形悬栅栅条净间距为 3.5 cm。为使水流平稳过渡到其余后置矩形悬栅,将第 5 根矩形悬栅布置为过渡悬栅,其栅高介于前 4 根和后置其余悬栅之间,同前置矩形悬栅净间距固定为 3.5 cm,只改变其同后置矩形悬栅之间的净间距。后置其余矩形悬栅布置在距离消力池底同一水平高度上,栅高选取 $h_s=8$ cm、$h_s=10$ cm、$h_s=12$ cm 三等水平,栅距选取 $b_s=4$ cm、$b_s=5$ cm、$b_s=6$ cm 三等水平,矩形栅条数量选取 $n_s=12$ 根、$n_s=16$ 根、$n_s=20$ 根三等水平。未布置悬栅的消力池试验结果见表 5-15;根据矩形悬栅布置参数栅高 h_s、栅距 b_s 和栅条数量 n_s 在三等水平间隔条件下设计 44 组布置矩形悬栅消力池试验,矩形悬栅布置形式及消能结果见表 5-16。

表 5-15　未布置悬栅消力池试验结果

试验序号	1	2	3
流量(L/s)	11	13	15
最大水深 h_m(cm)	25.34	28.21	31.38
消能率 η(%)	69.531	73.167	76.674

表 5-16　矩形悬栅布置形式及消能结果

试验序号	流量(L/s)	栅高 h_s(cm)			栅距 b_s(cm)		数量 n_s(根)	消能率 η(%)	最大水深 h_m(cm)	最大水深消减值(cm)
		第1~4根	第5根	第6~20根	第1~5根	第6~20根				
1	11	7	7.5	8	3.5	4	12	70.462	23.78	1.56
2	11	7	7.5	8	3.5	5	20	69.849	24.73	0.61
3	11	7	7.5	8	3.5	5	16	69.905	24.12	1.22
4	11	7	7.5	8	3.5	6	16	70.366	24.54	0.80
5	11	7	8.5	10	3.5	4	20	69.697	24.03	1.31
6	11	7	8.5	10	3.5	5	16	69.682	23.94	1.40
7	11	7	8.5	10	3.5	6	12	69.876	24.00	1.34
8	11	7	9.5	12	3.5	4	16	70.570	23.40	1.94
9	11	7	9.5	12	3.5	5	12	70.384	23.27	2.07
10	11	7	9.5	12	3.5	6	20	70.060	25.10	0.24
11	13	7	7.5	8	3.5	4	16	74.051	26.46	1.75
12	13	7	7.5	8	3.5	4	12	74.040	26.40	1.81
13	13	7	7.5	8	3.5	5	20	74.086	26.60	1.61
14	13	7	7.5	8	3.5	6	16	73.982	27.04	1.17
15	13	7	8.5	10	3.5	4	20	73.629	26.11	2.10
16	13	7	8.5	10	3.5	4	16	73.762	25.25	2.96
17	13	7	8.5	10	3.5	4	12	73.535	25.28	2.93
18	13	7	8.5	10	3.5	5	20	73.993	26.02	2.19
19	13	7	8.5	10	3.5	5	16	73.874	25.45	2.76
20	13	7	8.5	10	3.5	6	20	73.862	27.06	1.15
21	13	7	8.5	10	3.5	6	12	73.879	25.70	2.51
22	13	7	9.5	12	3.5	4	20	74.073	24.81	3.40
23	13	7	9.5	12	3.5	4	16	73.814	25.61	2.60
24	13	7	9.5	12	3.5	5	16	73.927	25.07	3.14
25	13	7	9.5	12	3.5	5	12	73.421	25.76	2.45

试验序号	流量(L/s)	栅高 h_s (cm)			栅距 b_s (cm)		数量 n_s (根)	消能率 $\eta(\%)$	最大水深 h_m (cm)	最大水深消减值(cm)
		第1~4根	第5根	第6~20根	第1~5根	第6~20根				
26	13	7	9.5	12	3.5	6	20	73.642	26.21	2.00
27	15	7	7.5	8	3.5	4	12	77.154	27.43	3.95
28	15	7	7.5	8	3.5	5	20	77.092	28.43	2.95
29	15	7	7.5	8	3.5	6	16	76.921	28.53	2.85
30	15	7	7.5	8	3.5	6	12	76.896	27.26	4.12
31	15	7	8.5	10	3.5	4	12	77.239	29.01	2.37
32	15	7	8.5	10	3.5	4	16	76.896	27.56	3.82
33	15	7	8.5	10	3.5	4	20	77.403	26.41	4.97
34	15	7	8.5	10	3.5	5	20	77.289	27.73	3.65
35	15	7	8.5	10	3.5	5	16	77.074	26.96	4.42
36	15	7	8.5	10	3.5	6	20	77.261	28.62	2.76
37	15	7	8.5	10	3.5	6	16	77.213	27.68	3.70
38	15	7	8.5	10	3.5	6	12	77.105	29.10	2.28
39	15	7	9.5	12	3.5	4	20	77.151	26.57	4.81
40	15	7	9.5	12	3.5	4	16	76.900	28.89	2.49
41	15	7	9.5	12	3.5	5	12	76.905	29.89	1.49
42	15	7	9.5	12	3.5	6	20	77.257	27.09	4.29
43	15	7	9.5	12	3.5	6	16	77.188	28.09	3.29
44	15	7	9.5	12	3.5	6	12	76.894	28.25	3.13

由表 5-15 和表 5-16 可知,在 $Q=11$ L/s、$Q=13$ L/s、$Q=15$ L/s 工况下,布置矩形悬栅消力池的 44 组试验数据中,消能率比未布置悬栅的消力池略有增加。消力池内最大水深均较未布置悬栅的消力池下降显著。在 $Q=11$ L/s 时,最大水深消减值最大可达 2.07 cm,降幅为 8.17%,此时消能率为 70.384%;在 $Q=13$ L/s 时,最大水深消减值最大可达 3.40 cm,降幅为 12.05%,此时消能率为 74.073%;在 $Q=15$ L/s 时,最大水深消减值最大可达 4.97 cm,降幅达 15.84%,此时消能率为 77.403%。由此可知,消能率随着流量增大而增大。布置矩形悬栅的消力池相比未布置悬栅的消力池而言,池内最大水深消减明显,说明消力池内布置矩形悬栅对消减消力池内最大水深有显著作用。

5.5.1.3 矩形悬栅布置前后水流流态

试验中先对未布置悬栅的消力池水流流态进行观察,再对不同悬栅布置形式下的消力池水流流态进行观察,在 $Q=15$ L/s 和 $Q=13$ L/s 工况下,将未布置悬栅的消力池同矩形悬栅布置方案 33 及矩形悬栅布置方案 15 的水流流态进行对比,布置悬栅前后消力池水流流态见图 5-17～图 5-20。

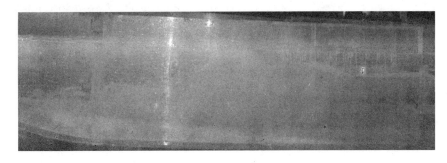

图 5-17 $Q=15$ L/s 时未布置悬栅消力池内水流流态

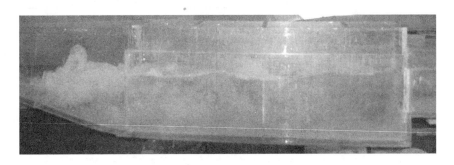

图 5-18 $Q=15$ L/s 时悬栅布置方案 33 消力池内水流流态

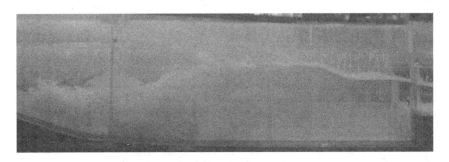

图 5-19 $Q=13$ L/s 时未布置悬栅消力池内水流流态

图 5-20 $Q=13$ L/s 时悬栅布置方案 15 消力池内水流流态

由图5-17～图5-20可以看出,未布置悬栅消力池内水流紊动引起水面波动大,水花飞溅剧烈,在消力池护坦末端有明显的水面壅高继而下跌现象,消力池后段水面涌动较大。在消力池内布置矩形悬栅之后,水流流态较未布置悬栅消力池稳定,水流经过矩形栅条的摩擦、碰撞、剪切等作用消耗其携带的大量机械能,出池后水面涌浪高度较未布置悬栅消力池减小。

5.5.2 矩形悬栅布置相对值参数的均匀正交设计

在矩形悬栅布置相对值参数条件下,采用矩形悬栅布置参数与消力池宽度 $B_2=18$ cm 的相对比值,在三种不同单宽流量工况下,选取矩形悬栅栅高相对值 h_s/B_2、栅距相对值 b_s/B_2、栅条数量 n_s 为试验变量,矩形悬栅布置形式由 h_s/B_2、b_s/B_2 和栅条数量 n_s 这三个悬栅布置相对值参数决定。栅高相对值选取三水平,即 $h_s/B_2=0.44$、$h_s/B_2=0.56$、$h_s/B_2=0.67$;栅距相对值选取三水平,即 $b_s/B_2=0.22$、$b_s/B_2=0.28$、$b_s/B_2=0.33$;矩形栅条数量选取三水平,即 $n_s=12$ 根、$n_s=16$ 根、$n_s=20$ 根。按照均匀正交表中的排列方式进行三水平四因子的均匀正交设计,在44组矩形悬栅布置形式方案中选取9组矩形悬栅布置相对值参数试验数据进行均匀正交设计。矩形悬栅布置相对值参数的均匀正交设计见表5-17,表中最大水深 h_m 为相对值 h_m/B_2。

表 5-17 矩形悬栅布置相对值参数的均匀正交设计

试验序号	X_1	X_2	X_3	X_4	Y_1	Y_2
	h_s/B_2	b_s/B_2	n_s(根)	$Q/B_2[\text{cm}^3/(\text{s}\cdot\text{cm})]$	消能率 η(%)	h_m/B_2
1	0.44	0.22	12	722	74.040	1.467
2	0.44	0.28	20	611	69.849	1.374
3	0.44	0.33	16	833	76.921	1.585
4	0.56	0.22	20	833	77.403	1.467
5	0.56	0.28	16	722	73.874	1.414
6	0.56	0.33	12	611	69.876	1.333
7	0.67	0.22	16	611	70.570	1.300
8	0.67	0.28	12	833	76.905	1.660
9	0.67	0.33	20	722	73.642	1.456

5.5.3 矩形悬栅布置相对值参数 PPR 建模仿真

5.5.3.1 悬栅布置相对值参数 PPR 建模

试验中采用矩形悬栅布置参数的相对值进行 PPR 建模,在 9 组均匀正交试验中,矩形悬栅布置相对值参数的三水平间隔选取不明显,因此将消力池内悬栅布置形式方案 6,即矩形悬栅栅高 $h_s = 10$ cm、栅距 $b_s = 5$ cm、栅条数量 $n_s =$ 17 根作为自变量下边界值参与建模,采用试验影响因子与消力池宽度 $B_1 = 16$ cm 的相对比值,即 $h_s/B_1 = 0.625$、$b_s/B_1 = 0.3125$、栅条数量 $n_s = 17$ 根参与建模。利用表 5-17 中 9 组悬栅布置相对值参数均匀正交试验数据进行建模,池内最大水深 h_m 采用相对值 h_m/B,共采用 10 组悬栅布置相对值参数试验数据进行 PPR 建模,试验数据的 PPR 建模见表 5-18。

表 5-18　悬栅布置相对值参数试验数据 PPR 建模

试验序号	X_1	X_2	X_3	X_4	Y_1	Y_2
	h_s/B	b_s/B	n_s(根)	$Q/B[cm^3/(s \cdot cm)]$	$\eta(\%)$	h_m/B
1	0.625	0.3125	17	125	0.600	0.755
2	0.44	0.22	12	722	0.740	1.467
3	0.44	0.28	20	611	0.699	1.374
4	0.44	0.33	16	833	0.769	1.585
5	0.56	0.22	20	833	0.774	1.467
6	0.56	0.28	16	722	0.739	1.414
7	0.56	0.33	12	611	0.699	1.333
8	0.67	0.22	16	611	0.706	1.300
9	0.67	0.28	12	833	0.769	1.660
10	0.67	0.33	20	722	0.736	1.456

5.5.3.2 悬栅布置相对值参数 PP 预留检验

本次试验采用 10 组矩形悬栅布置相对值参数试验数据进行 PPR 建模,利用 37 组矩形悬栅布置相对值参数试验数据做预留检验,若预留检验全部合格,则说明所建立的 PPR 模型可靠,可以利用投影寻踪回归 PPR 对试验数据进行仿真。PP 预留检验结果见表 5-19。

表 5-19　矩形悬栅布置相对值参数 PP 预留检验结果

试验序号	X_1	X_2	X_3	X_4	消能率 $\eta(\%)$				h_m/B			
	h_s/B	b_s/B	n_s（根）	Q/B [cm³/(s·cm)]	实测值	预测值	绝对误差	相对误差	实测值	预测值	绝对误差	相对误差（%）
1	0.44	0.33	12	833	0.769	0.771	0.002	0.3	1.52	1.60	0.076	5.0
2	0.44	0.22	12	833	0.771	0.773	0.002	0.3	1.51	1.60	0.086	5.7
3	0.44	0.28	20	833	0.771	0.768	−0.003	−0.4	1.57	1.50	−0.066	−4.2
4	0.56	0.22	16	833	0.769	0.776	0.007	0.9	1.58	1.57	−0.005	−0.3
5	0.56	0.28	20	833	0.773	0.769	−0.004	−0.5	1.50	1.54	0.038	2.5
6	0.56	0.33	20	833	0.773	0.766	−0.007	−0.9	1.62	1.63	0.008	0.5
7	0.56	0.33	16	833	0.772	0.769	−0.003	−0.4	1.61	1.63	0.013	0.8
8	0.56	0.28	16	833	0.771	0.772	0.001	0.1	1.59	1.58	−0.013	−0.8
9	0.56	0.33	12	833	0.771	0.767	−0.004	−0.5	1.54	1.55	0.016	1.0
10	0.56	0.22	12	833	0.772	0.773	0.001	0.1	1.54	1.53	−0.014	−0.9
11	0.67	0.28	12	833	0.769	0.767	−0.002	−0.3	1.61	1.56	−0.046	−2.9
12	0.67	0.33	20	833	0.773	0.768	−0.005	−0.6	1.53	1.67	0.135	8.8
13	0.67	0.22	20	833	0.771	0.772	0.001	0.1	1.56	1.61	0.047	3.0
14	0.67	0.33	16	833	0.772	0.767	−0.005	−0.6	1.47	1.48	0.008	0.5
15	0.67	0.33	12	833	0.769	0.764	−0.005	−0.7	1.51	1.58	0.07	4.7
16	0.44	0.22	16	722	0.74	0.739	−0.001	−0.1	1.47	1.40	−0.073	−5.0
17	0.44	0.22	12	722	0.74	0.741	0.001	0.1	1.48	1.47	−0.007	−0.5
18	0.44	0.28	20	722	0.741	0.731	−0.01	−1.3	1.50	1.48	−0.023	−1.5
19	0.44	0.33	16	722	0.74	0.732	−0.008	−1.1	1.40	1.37	−0.029	−2.1
20	0.56	0.22	20	722	0.736	0.736	0.000	0.0	1.40	1.48	0.08	5.7
21	0.56	0.22	12	722	0.735	0.738	0.003	0.4	1.45	1.37	−0.077	−5.3
22	0.56	0.28	20	722	0.74	0.733	−0.007	−0.9	1.45	1.43	−0.02	−1.4
23	0.56	0.33	20	722	0.739	0.733	−0.006	−0.8	1.43	1.48	0.051	3.6
24	0.56	0.22	16	722	0.738	0.739	0.001	0.1	1.50	1.48	−0.025	−1.7
25	0.67	0.22	16	722	0.738	0.737	−0.001	−0.1	1.38	1.36	−0.015	−1.1
26	0.67	0.22	20	722	0.741	0.738	−0.003	−0.4	1.42	1.43	0.008	0.6

续表 5-19

试验序号	X_1	X_2	X_3	X_4	消能率 $\eta(\%)$				h_{m}/B			
	h_{s}/B	b_{s}/B	n_{s}（根）	Q/B $[\mathrm{cm^3/(s \cdot cm)}]$	实测值	预测值	绝对误差	相对误差	实测值	预测值	绝对误差	相对误差（%）
27	0.67	0.28	16	722	0.739	0.734	−0.005	−0.7	1.39	1.46	0.063	4.5
28	0.67	0.28	12	722	0.734	0.731	−0.003	−0.4	1.43	1.52	0.084	5.9
29	0.47	0.19	12	500	0.743	0.679	−0.064	−8.6	1.20	1.19	−0.009	−0.8
30	0.47	0.25	8	500	0.751	0.673	−0.078	−10.4	1.21	1.26	0.052	4.3
31	0.47	0.31	16	500	0.753	0.677	−0.076	−10.1	1.13	1.21	0.083	7.4
32	0.59	0.19	16	500	0.753	0.682	−0.071	−9.4	1.20	1.10	−0.097	−8.1
33	0.59	0.25	12	500	0.743	0.677	−0.066	−8.9	1.17	1.19	0.017	1.5
34	0.59	0.31	8	500	0.752	0.672	−0.08	−10.6	1.21	1.28	0.067	5.5
35	0.72	0.19	8	500	0.747	0.676	−0.071	−9.5	1.22	1.23	0.018	1.5
36	0.72	0.25	16	500	0.754	0.683	−0.071	−9.4	1.16	1.19	0.031	2.7
37	0.72	0.31	12	500	0.754	0.678	−0.076	−10.1	1.20	1.26	0.064	5.3
合格项:37					合格率:100%							

由表 5-19 中 PP 预留检验结果可知，h_{m}/B、消能率的实测值与预测值绝对误差和相对误差均在试验允许范围，因此，采用矩形悬栅各布置参数的相对值进行 PPR 建模结果是可靠的，可以应用 PPR 对试验数据进行仿真。

5.5.3.3 悬栅布置相对值参数 PP 回归分析

在采用 10 组消能效果试验数据进行 PPR 建模中，反映投影灵敏度指标的光滑系数均为 $SPAN=0.6$，模型参数为 $N=10,P=4,Q=1,M=5,MU=4$。消力池内最大水深 PPR 建模中数值函数贡献权重及投影方向值为 $\beta=(1.020,0.1717,0.0858,0.0801)$，$\alpha_1=(-0.4663,0.8845,-0.0117,0.0032)$，$\alpha_2=(-0.9498,0.3097,0.0451,0.0003)$，$\alpha_3=(0.9330,0.3597,0.0099,-0.0001)$，$\alpha_4=(-0.2529,-0.9673,0.0177,0.0002)$；消能率试验数据 PPR 建模中，数值函数贡献权重及投影方向值为 $\beta=(0.9946,0.0856,0.0245,0.0382)$，$\alpha_1=(0.7871,-0.6165,0.0142,0.0119)$，$\alpha_2=(-0.6119,-0.7908,-0.0133,0.0008)$，$\alpha_3=(0.9915,-0.1282,0.0209,-0.0007)$，$\alpha_4=(0.9942,0.0995,-0.0395,0.0001)$。悬栅消能效果 PP 回归结果见表 5-20。

表 5-20 消能效果 PP 回归结果

试验序号	X_1 h_s/B	X_2 b_s/B	X_3 n_s	X_4 Q/B [cm³/(s·cm)]	消能率(%) 实测值	消能率(%) 拟合值	消能率(%) 绝对误差	消能率(%) 相对误差	h_m/B 实测值	h_m/B 拟合值	h_m/B 绝对误差	h_m/B 相对误差(%)
1	0.625	0.3125	17	125	0.600	0.599	−0.001	−0.2	0.76	0.76	0.003	0.4
2	0.44	0.22	12	722	0.740	0.741	0.001	0.1	1.47	1.47	0.001	0.1
3	0.44	0.28	20	611	0.699	0.699	0.000	0.0	1.37	1.37	−0.006	−0.4
4	0.44	0.33	16	833	0.769	0.769	0.000	0.0	1.59	1.59	0.005	0.3
5	0.56	0.22	20	833	0.774	0.773	−0.001	−0.1	1.47	1.47	0.004	0.3
6	0.56	0.28	16	722	0.739	0.736	−0.003	−0.4	1.41	1.41	−0.004	−0.3
7	0.56	0.33	12	611	0.699	0.701	0.002	0.3	1.33	1.33	−0.002	−0.2
8	0.67	0.22	16	611	0.706	0.708	0.002	0.3	1.30	1.30	−0.001	−0.1
9	0.67	0.28	12	833	0.769	0.767	−0.002	−0.3	1.66	1.66	−0.001	−0.1
10	0.67	0.33	20	722	0.736	0.738	0.002	0.3	1.46	1.46	0.002	0.1

由表 5-20 可知,10 组试验数据 PP 回归结果中,消力池内布置矩形悬栅后池内最大水深和消能率的实测值与拟合值之间绝对误差和相对误差均较小,满足试验误差要求。

5.5.3.4 消能效果相对值参数的相对权重及等值线

在布置矩形悬栅的消力池中,消能效果相对值参数的相对权重见表 5-21。投影寻踪回归 PPR 模型的准确性和可靠性在 37 组试验数据的 PP 预留检验中已得到有效验证,因此可以利用 PPR 进行仿真从而得到大量仿真试验数据。本试验通过 PPR 仿真共得到 144 组数据。在进行 PPR 仿真时,h_s/B 仿真依次取 0.4、0.6、0.8;b_s/B 仿真依次取 0.2、0.3、0.4;n_s 仿真依次取 $n_s=8$ 根、$n_s=12$ 根、$n_s=16$ 根、$n_s=20$;单宽流量仿真依次为 200 cm³/(s·cm)、400 cm³/(s·cm)、600 cm³/(s·cm)、800cm³/(s·cm)。通过对 144 组仿真试验数据进行整理分析,将布置矩形悬栅消力池的 h_m/B 和消能率作为消能效果的判别指标,利用 Surfer 8.0 软件绘制不同矩形悬栅数量和不同单宽流量 Q/B 下,矩形悬栅栅高和栅距相对值对消能效果影响的等值线图。整理分析 144 组仿真试验数据后共绘制了 32 张等值线图,见图 5-21～图 5-28。

表 5-21　消能效果相对值参数的相对权重

权序	消能率 η		h_{m}/B	
	影响因子	相对权值	影响因子	相对权值
1	Q/B	1.00000	Q/B	1.00000
2	h_{s}/B	0.05902	n_{s}	0.18264
3	b_{s}/B	0.02934	b_{s}/B	0.09287
4	n_{s}	0.01436	h_{s}/B	0.01894

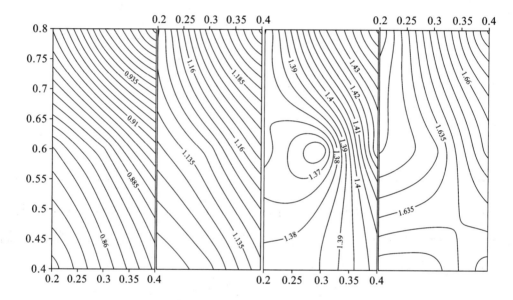

图 5-21　在 $n_{\mathrm{s}}=8$ 根时各单宽流量下 h_{m}/B 等值线图

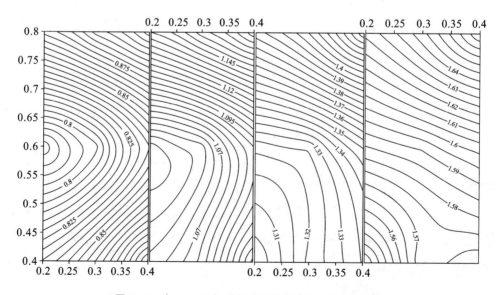

图 5-22　在 $n_{\mathrm{s}}=12$ 根时各单宽流量下 h_{m}/B 等值线图

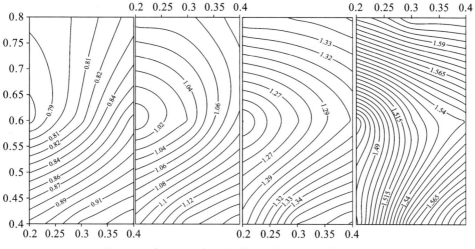

图 5-23　在 $n_s = 16$ 根时各单宽流量下 h_m/B 等值线图

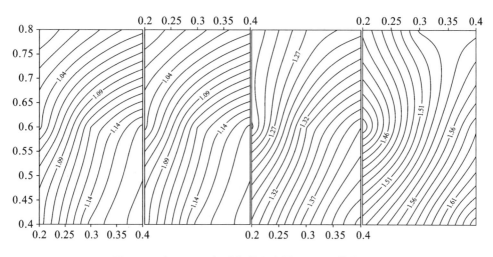

图 5-24　在 $n_s = 20$ 根时各单宽流量下 h_m/B 等值线图

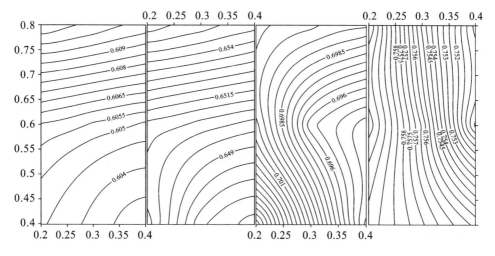

图 5-25　在 $n_s = 8$ 根时各单宽流量下消能率等值线图

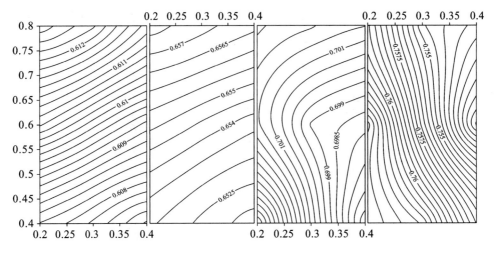

图 5-26　在 $n_s=12$ 根时各单宽流量下消能率等值线图

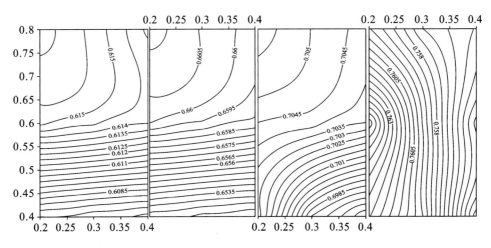

图 5-27　在 $n_s=16$ 根时各单宽流量下消能率等值线图

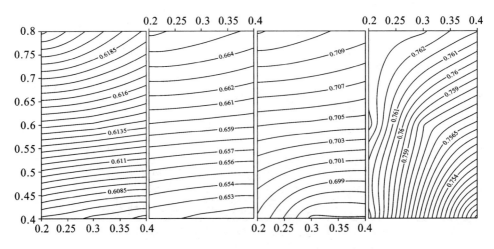

图 5-28　在 $n_s=20$ 根时各单宽流量下消能率等值线图

由表 5-21 可以看出,设置矩形悬栅消力池内,对消能率 η 影响最大的试验因子为 Q/B,即消力池的单宽流量,其次为 h_s/B 和 b_s/B,最后是 n_s 的影响;而对消力池内 h_m/B 影响最大的是 Q/B,其次是 n_s 和 b_s/B,h_s/B 对其影响最小。

在图 5-21～图 5-28 中,等值线图中横轴代表矩形悬栅栅距和消力池宽度的相对比值,即 b_s/B,变化范围在 0.2～0.4 之间;纵轴代表栅高和消力池宽度的相对比值,即 h_s/B,变化范围在 0.4～0.8 之间;同一图中的 4 幅等值线图,从左至右对应的单宽流量分别为 200 cm³/(s·cm)、400 cm³/(s·cm)、600 cm³/(s·cm)、800 cm³/(s·cm)。将图 5-21～图 5-28 中 32 幅等值线图进行对比分析,可以明显看出,在消力池内布置相同数量矩形栅条时,不同单宽流量下,栅高相对值 h_s/B、栅距相对值 b_s/B 对消力池消能率和池内最大水深相对值 h_s/B 影响趋势大体保持一致,随着消力池内单宽流量的增大,消能率及池内最大水深相对值 h_s/B 呈现增大趋势。由图 5-21～图 5-24 中 16 幅池内最大水深相对值 h_s/B 等值线图可以看出,栅高相对值 h_s/B 对池内最大水深影响较栅距相对值 b_s/B 明显;在图 5-25 和图 5-26 中,池内最大水深相对值 h_s/B 等值线图在各单宽流量下变化趋势保持一致,具有相同的优化区间;由图 5-27、图 5-28 可知,栅距相对值 b_s/B 对消能率影响较栅高相对值明显。在图 5-27 和图 5-28 中,矩形栅条数量 $n_s=16$ 及 $n_s=20$ 根时,不同单宽流量工况下,消能率的变化较其他数量矩形悬栅差别小,因此矩形栅条数量选取 $n_s=16$～20 根。在矩形栅条数量 $n_s=16$～20 根条件下,将最大水深相对值及消能率等值线图重合叠加,综合考虑池内最大水深相对值和消能率的最优值区域,找出矩形悬栅栅高相对值 h_s/B 和栅距相对值 b_s/B 的优化区间,在保证池内最大水深相对值较低和消能率较高的条件下,h_s/B 的优化区间为 0.58～0.65,b_s/B 优化区间为 0.20～0.25。

5.6　本章小结

本章着重研究悬栅布置形式对底流消力池消能效果的影响,采用 $UL_9(3^4)$ 对试验进行设计,运用投影寻踪回归 PPR 对试验数据进行建模仿真,应用数值模拟技术对悬栅消能工进行数值模拟,得到如下结论:

(1)新疆多沙河流中多夹杂不均匀泥沙颗粒,对于有排沙功能要求的消力池及消力池底部不宜修建辅助消能工的水利工程而言,在泄水建筑物末端消力池内不宜修建梯形墩、趾墩、消力墩等辅助消能工,而在消力池内悬空布置悬栅是一种很好的解决途径,既能有效避开泥沙冲刷又不影响排沙功能,既能起到辅助消能工的作用又能稳定消力池内水流流态,有效改善水流条件,最大程度减小池内最大水深。

(2) 在消力池内布置 17 根悬栅的条件下,采用 $UL_9(3^4)$ 进行试验设计,运用 PPR 进行建模仿真,得出影响消力池消能效果的悬栅布置参数排序大小,对比分析消能效果的等值线图,对悬栅体型进行比选并最终确定矩形悬栅为最优悬栅体型;在设计流量工况下,进一步着重研究悬栅布置参数对消力池内最大水深的影响,选取栅条数量 n_s、栅高 h_s、栅距 b_s 三因子作为消能效果的影响因子,运用 $UL_9(3^4)$ 进行试验设计,借助 PPR 进行建模仿真,得到池内最大水深影响因子排序为 $n_s>b_s>h_s$,此时消力池内最大水深可由未布置悬栅时的 20.068 cm 消减到 18.233 cm,最大水深降幅为 9.14%。

(3) 不同单宽流量工况下,选取矩形悬栅布置相对值参数 h_s/B、b_s/B、n_s、Q/B 作为试验影响因子,按照均匀正交表中的排列方式,从 44 组矩形悬栅布置形式试验结果中,选取 9 组矩形悬栅布置相对值参数试验数据进行均匀正交试验设计。利用这 9 组均匀正交试验,外加 1 组边界条件共 10 组试验数据进行 PPR 回归分析及建模仿真,并将其余 37 组试验数据用作预留检验,得到消力池内最大水深相对值 h_m/B 及消能率的相对权重。其中消力池内最大水深相对值 h_m/B 的影响因子排序为 $Q/B>n_s>b_s/B>h_s/B$,消能率 η 影响因子排序为 $Q/B>h_s/B>b_s/B>n_s$。消力池内单宽流量 Q/B 是影响最大的试验因子,但 h_s/B、b_s/B、n_s 对消能效果的影响程度则不相同。由试验结果可知,消力池内布置的矩形悬栅对最大水深作用效果显著,池内最大水深减小明显且消减幅度大,但消能率提高幅度相对较小,因此着重研究分析矩形悬栅布置形式对池内最大水深的消减意义重大,从而将池内最大水深相对值影响因子排序作为消力池内消能效果的最终影响因子排序。消力池内布置的矩形悬栅可将最大水深消减 4.97 cm,降幅高达 15.84%,矩形悬栅 h_s/B 和 b_s/B 优值区间分别为 0.58~0.65 和 0.20~0.25,栅条数量优化值在 16~20 根之间,在此优值区间内消力池内最大水深和消能率均能达到较优值。

6 消力池内双层悬栅消能效果研究

双层悬栅设置在底流消力池内,诸如流量、栅条数量(双层悬栅的栅条数量)、栅距(双层悬栅同一层相邻两根悬栅之间的水平距离)、层距(双层悬栅相邻两根悬栅之间的垂直距离)等因子的改变均会改变悬栅消力池的消能效果,研究每一个因子的改变对消能效果的影响需要大量的模型试验,为减少工作量,需对试验方案进行优化设计。试验方案采用 $UL_9(3^4)$ 进行设计,见表 6-1,其中 A、B、C、D 是指试验中 4 个影响因素,A_n、B_n、C_n、D_n(其中 n 取 1、2、3)是指影响因素的 3 个变化值。

表 6-1 均匀正交表

试验序号	A	B	C	D
1	A_1	B_1	C_1	D_1
2	A_1	B_1	C_1	D_1
3	A_1	B_1	C_1	D_1
4	A_2	B_2	C_2	D_2
5	A_2	B_2	C_2	D_2
6	A_2	B_2	C_2	D_2
7	A_3	B_3	C_3	D_3
8	A_3	B_3	C_3	D_3
9	A_3	B_3	C_3	D_3

6.1 消力池内布置单、双层悬栅消能效果对比

为分析消力池内布置双层悬栅的消能效果,可进行模型试验,并在试验的同时进行数值模拟计算,对比试验值与计算值,从而研究悬栅消力池的消能效果。首先在消力池内不布置悬栅、布置单层悬栅以及布置双层悬栅的条件下进行模型试验,对比消能效果;然后建立相应的数学模型,采用 RNG k-ε 双方程紊流模型进行数值模拟计算,对比分析计算结果并验证模型试验结果。

6.1.1 模型试验设计及测量方法

为研究消力池内布置双层悬栅后对消能效果的影响,试验采用 $q_0=21.43$ L/s 作为单宽流量设计值,通过有关水力计算[55]得到消力池尺寸,其中消力池的池长、池宽、池深、边墙高分别为 120 cm、18 cm、10 cm、39.5 cm,消力池结构设计图如图 6-1 所示。通过新疆迪那河五一水库模型试验可知,矩形悬栅消能效果比较好,故本次试验采用矩形悬栅,其中悬栅尺寸长 18 cm、宽 1 cm、高 2 cm,悬栅结构设计图如图 6-2 所示。为便于在模型试验过程中进行观测,试验消力池和悬栅均采用有机玻璃板制作。在单宽流量设计值 $q_0=21.43$ L/s 下,分别对消力池内未布置悬栅(图 6-1)、布置单层悬栅(图 6-3)和布置双层悬栅(图 6-4)进行模型试验,观察布置悬栅前后对消力池消能特性的影响,并测量消力池内相关试验数据。布置悬栅时,保持消力池渥奇段 4 根悬栅固定不变,取栅高(即悬栅中心点离消力池底板高度)$h=7$ cm、栅距 $b_1=3.5$ cm;为使水流更好地进入消力池,在消力池前端布置 1 根高度渐变的悬栅,取栅高 $h=8.5$ cm,与渥奇段悬栅之间栅距 $b_1=3.5$ cm。

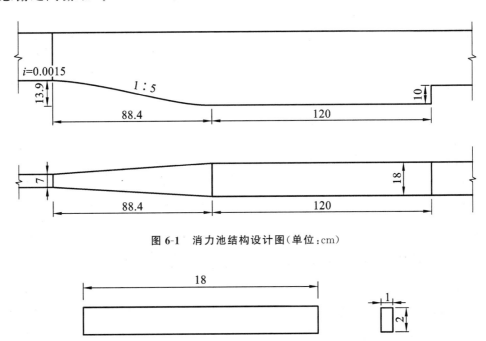

图 6-1 消力池结构设计图(单位:cm)

图 6-2 悬栅结构设计图(单位:cm)

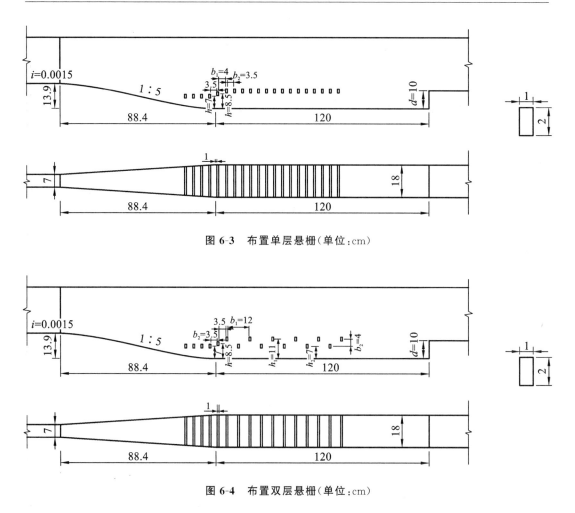

图 6-3　布置单层悬栅(单位:cm)

图 6-4　布置双层悬栅(单位:cm)

通过模型试验得到消力池内布置单层悬栅时,单层悬栅高度 h 与下游处护坦等高,即 $h=10$ cm 为最优。参考单层悬栅栅高最佳高度,布置双层悬栅时选择上层栅高 $h_1>10$ cm,下层栅高 $h_2<10$ cm;渥奇段布置 4 根悬栅,其栅高 h 均为 7 cm(相对消力池底板的垂直距离),悬栅栅距 $b_1=3.5$ cm,渐变悬栅栅高 $h=8.5$ cm,与渥奇段悬栅之间的水平距离为 3.5 cm。为方便试验时变换悬栅布置形式,消力池内悬栅采用 W 形布置,如图 6-4 所示。试验时为便于进行试验对比,保持渥奇段悬栅以及渐变悬栅固定不变,只改变消力池内悬栅布置形式。断面最大水深采用测针测量,测针测量精度为 0.1 mm,取断面水位最高处读数与该断面底部读数之差作为该断面最大水深 H_1。流量的测量调节采用三角形量水堰进行,消力池内流态采用高清摄像机进行拍照记录。

6.1.2 消力池内单、双层悬栅消能效果对比

6.1.2.1 试验方案设计

只改变消力池内悬栅布置形式时,为使单层悬栅布置形式和双层悬栅布置形式形成较明显的对比,需保证布置单层和双层时悬栅第 1 根和最后 1 根之间总间距一定。布置单层悬栅时,悬栅栅距 b_1 取 5.5 cm,栅条数量 n 取 7 根、11 根、15 根,栅高 h 取 10 cm;布置双层悬栅时,悬栅栅距 b_1 取 12 cm,栅条数量 n 取 7 根、11 根、15 根,层距 b_2 取 4 cm(表 6-2)。

表 6-2　消力池内悬栅布置方案

试验序号	悬栅布置情况	栅距 b_1(cm)	栅条数量 n(根)	层距 b_2(cm)	层数
1	无栅	—	—	—	—
2	有栅	5.5	7	—	1
3	有栅	12	7	4	2
4	有栅	5.5	11	—	1
5	有栅	12	11	4	2
6	有栅	5.5	15	—	1
7	有栅	12	15	4	2

6.1.2.2 消力池内布置单、双层悬栅水流流态影响对比

根据所设计的试验方案,在单宽流量设计值 $q_0 = 21.43$ L/s 下进行试验,并用高清摄像机拍照记录,得到消力池内未布置悬栅、布置单层悬栅以及布置双层悬栅时消力池内的水流流态,如图 6-5 所示。

(a)

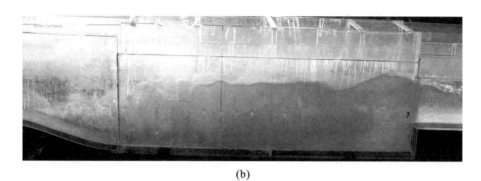

(b)

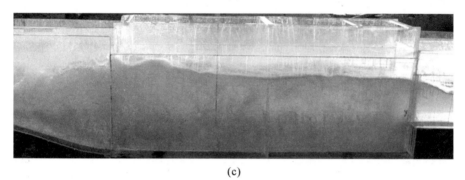

(c)

图 6-5 布置悬栅前后消力池内水流流态

(a)未布置悬栅;(b)布置单层悬栅;(c)布置双层悬栅

未布置悬栅时,如图 6-5(a)所示,可以看到消力池内流态较为紊乱,水流进入消力池内形成远驱式水跃,水面波动非常剧烈,水位较高,水流对边墙冲击较大,消力池下游段出流不平稳,悬栅消力池消能效果较为不理想;在消力池内布置单层悬栅时,其中栅距 $b_1=5.5$ cm、栅条数量 $n=11$ 根,水流流态如图 6-5(b)所示,由于悬栅的作用,消力池内水跃向前移至渥奇段,消力池中后段流态稳定,水面没有剧烈波动,水流对边墙冲击减弱;在消力池内布置双层悬栅时,其中栅距 $b_1=12$ cm、栅条数量 $n=11$ 根、层距 $b_2=4$ cm,水流流态如图 6-5(c)所示,由于悬栅的作用,水流在渥奇段形成淹没式水跃,消力池内流态更加平稳,消力池中后段水面起伏不大,下游出口段出流平稳。

在消力池布置单层悬栅后,由于悬栅的阻挡作用,消力池内的水流分成上下两股,上下水流进行碰撞,水流掺气量增加,水流中大部分能量被耗散,消力池内流态稳定。布置双层悬栅后,悬栅阻水断面增大,使水跃主要集中在渥奇段和消力池前段,进行掺气消能,消力池中后段水跃逐渐减弱,掺气量逐渐减少,水流波动减弱,水面趋于平稳。说明在栅条数量一定时,将悬栅布置成双层形式,消力池内流态更加稳定,较单层布置形式更优。

6.1.2.3　消力池最大水深及消能率影响对比

在单宽流量设计值 $q_0 = 21.43$ L/s 时，通过试验测量记录并计算，得到在未布置悬栅、布置单层悬栅以及布置双层悬栅时，消力池内最大水深、最大下降水深、消能率以及水跃现象情况等，具体见表 6-3。

表 6-3　消力池内布置悬栅前后最大水深和消能率

试验序号	悬栅布置情况	栅距 b_1(cm)	栅条数量 n(根)	层距 b_2(cm)	层数	最大水深 H_1(cm)	最大下降水深 H_2(cm)	消能率 η(%)	水跃现象
1	无栅	—	—			31.40		74.29	远驱式水跃
2	有栅	5.5	7	—	1	26.40	5.00	76.45	远驱式水跃
3	有栅	12	7	4	2	28.01	3.39	75.32	淹没式水跃
4	有栅	5.5	11	—	1	27.65	3.75	76.45	淹没式水跃
5	有栅	12	11	4	2	27.55	3.85	75.62	淹没式水跃
6	有栅	5.5	15	—	1	28.02	3.38	76.90	淹没式水跃
7	有栅	12	15	4	2	27.93	3.47	74.77	淹没式水跃

未布置悬栅时，消力池内最大水深 $H_1 = 31.40$ cm，消能率 $\eta = 74.29\%$。布置单层悬栅时，平均消能率 $\eta = 76.60\%$。在单层悬栅栅条数量 $n = 7$ 根时，水流在消力池内形成远驱式水跃；当栅条数量 $n = 11$ 根、$n = 15$ 根时，水流在消力池内流态稳定，并形成淹没式水跃，消力池内最大水深增大，最大下降水深减小。布置双层悬栅时，平均消能率 $\eta = 75.24\%$；当栅条数量 $n = 7$ 根、$n = 11$ 根和 $n = 15$ 根时，消力池内流态均平稳，水流均变成淹没式水跃，最大水深平均下降 3.57 cm，下降幅度为 11.37%，消能效果相对较好。

布置单层悬栅时，由于悬栅有一定的阻水作用，消力池内流态相对平稳，最大水深有所下降；布置双层悬栅时，栅距较大，水跃与悬栅的碰撞相对较弱，能量耗散较少，但阻水能力强，使水跃在消力池上游段形成，流向下游的水流流速较小，消力池下游处水面波动较小。两种布置情况下消能率相差不大，因此在消力池内布置悬栅时，只改变悬栅布置层数，对消能率变化影响不大。布置单层悬栅时，最大下降水深 H_2（即在布置悬栅时的最大水深相对未布置悬栅时的最大水深而减小的水深）为 3.38 cm，下降幅度为 10.76%；布置双层悬栅时，最大水深下降 3.47 cm，下降幅度为 11.05%。可见当流态平稳、栅条数量一定时，布置双层悬栅，消力池内最大水深下降幅度更大。

6.1.3　消力池内布置单、双层悬栅消能效果数值模拟

6.1.3.1　计算模型网格划分与边界条件

根据物理模型建立悬栅消力池三维数学模型,数值模拟建模在对悬栅消力池进行网格划分时,均采用六面体结构化网格(图6-6),网格尺寸范围为2~2.5 cm。由于消力池内布置双层悬栅部分是主要研究部分,因此作为数值模拟计算主要区域,该区域内在网格划分时需要采用加密处理,加密后网格尺寸范围为0.8~1.5 cm。网格划分的疏密程度均不同,各方案模型网格总数量均为29000个。

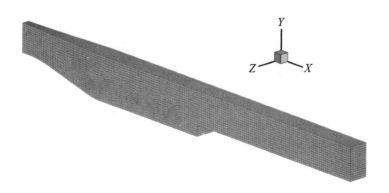

图6-6　网格划分示意图

在边界条件设定时,消力池进口边界采用速度进口,进口速度数值根据物理模型试验中实测流量换算而得;出口边界和上边界均采用压力进口,其压强值均为大气压强;通过标准壁面函数对消力池的湍流近壁区进行修正,悬栅消力池的表面均采用无滑移条件。

6.1.3.2　消力池内最大水深计算值与试验值对比

通过数值模拟计算得到不同悬栅布置形式下消力池内最大水深 H_1(表6-4)。根据数学模型计算值和物理模型试验值对比,显示两者结果误差均在10%以内,表明数值模拟结果与模型试验结果吻合较好。其中单层悬栅布置形式下计算值与试验值之间的平均误差大约为7.85%,双层悬栅布置形式下两者之间的平均误差大约为7.33%,由此可知,双层悬栅布置形式下计算值与试验值之间的误差相对较小。单层悬栅布置时,消力池内水面波动相对较大,测量最大水深时产生误差较大;双层悬栅布置时,消力池内流态相对稳定,水面相对平稳,测量产生误差较小。

表 6-4　不同悬栅布置形式下消力池内最大水深及误差

序号	栅条数量 n（根）	栅距 b_1（cm）	层距 b_2（cm）	层数	最大水深 H_1		
					计算值(cm)	试验值(cm)	误差(%)
1	7	5.5	—	1	24.91	26.40	5.64
2	11	5.5	—	1	25.27	27.65	8.61
3	15	5.5	—	1	25.41	28.02	9.31
4	7	12	4	2	26.11	28.01	6.78
5	11	12	4	2	25.69	27.55	6.75
6	15	12	4	2	25.57	27.93	8.45

6.1.4　消力池内布置单、双层悬栅数值模拟结果分析

6.1.4.1　消力池内流态分析

根据模型试验方案进行相关计算,采用 Tecplot 软件处理后,得到消力池内未布置悬栅、布置单层悬栅以及布置双层悬栅的水气两相图,如图 6-7 所示。由图 6-7 可知,当消力池内未布置悬栅时,水流的跃前断面水深较小,水跃位置相对靠后,消力池内未布置任何辅助消能工时,水流流速相对较大,则跃后水深相对较小,而消力池护坦处涌浪比较高[图 6-7(a)]。当消力池内布置单层悬栅时,由于悬栅具有一定阻水作用,跃前断面水深增大,水跃位置前移;部分水流由于悬栅作用,流速降低,根据连续方程,流量不变,流速减小,水深增大,但由于跃前断面水深增大,跃后断面水深减小,而跃后断面水深减小的程度大于因流速减小导致水深增大的程度,所以消力池护坦处涌浪高度降低[图 6-7(b)]。当消力池内布置双层悬栅时,由于双层悬栅呈 W 形布置,悬栅在垂直方向上的阻水断面增加,跃前断面水深更大,水跃位置前移更多;由于悬栅垂直阻水断面增大,水流流速减小的幅度增大,水深上升的幅度也随之增大,而且跃前断面水深增大导致跃后断面水深降低的幅度较小,因此消力池内水深较大。但由于流速减小,水流相对较稳定,水面比较平稳,没有剧烈波动,故消力池护坦处涌浪高度降低幅度较大[图 6-7(c)]。

6.1.4.2　消力池内流场分析

根据数值模拟计算,得到消力池内未布置悬栅、布置单层悬栅以及布置双层悬栅的流速分布,如图 6-8～图 6-10 所示。

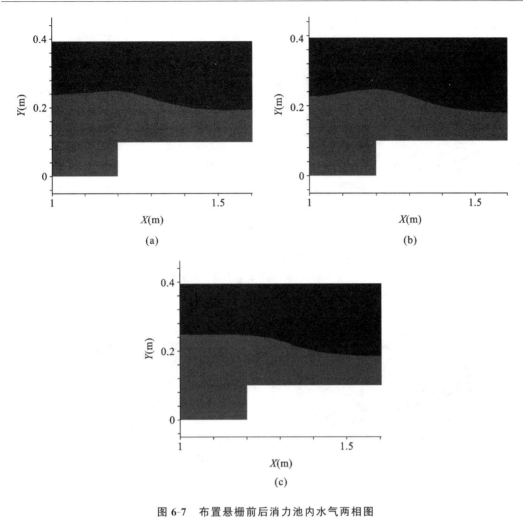

图 6-7 布置悬栅前后消力池内水气两相图

(a)未布置悬栅;(b)布置单层悬栅;(c)布置双层悬栅

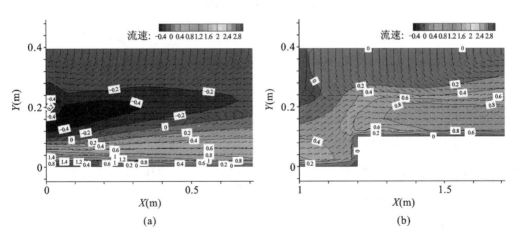

图 6-8 未布置悬栅时消力池内流速分布(单位:m/s)

(a)消力池内流速分布;(b)护坦处流速分布

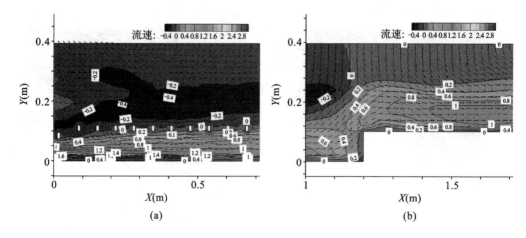

图 6-9　布置单层悬栅时消力池内流速分布（单位：m/s）

（a）消力池内流速分布；（b）护坦处流速分布

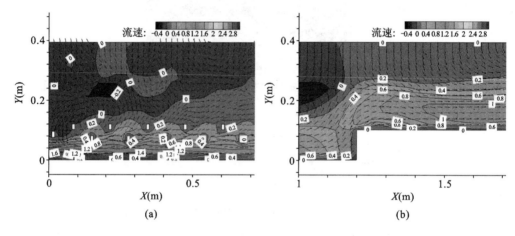

图 6-10　布置双层悬栅时消力池内流速分布（单位：m/s）

（a）消力池内流速分布；（b）护坦处流速分布

由图可知，未布置悬栅时［图 6-8（a）］，消力池内水跃是由于水流经过消力池护坦时［图 6-8（b）］，对护坦的冲击很大，因护坦的阻碍作用，一部分水回流到消力池前端，与后面的来流相互碰撞、掺气而形成的，回流的水流只有较少的一部分，大部分水流通过泄水渠道流入下游。布置悬栅之后［图 6-9、图 6-10］，水流不但通过回流形成水跃进行消能，而且水流在悬栅的作用下相互碰撞形成旋涡，水流流速减小，水流在消力池内能更好地掺气消能，使水流动能减小，从而使水流平稳地流向下游。布置单层悬栅时［图 6-9（a）］，水流经过悬栅时，受到水平断面上的悬栅作用，在悬栅周围形成旋涡，由于悬栅与水流的相互作用，护坦处水流流速减小［图 6-9（b）］，悬栅起到一定的消能稳流作用。布置双层悬栅时[图 6-10(a)],水流经过悬栅时,不但受到水平断面上的悬栅作用,而且还受到垂直断面上的悬栅作用,悬栅使水流产生旋涡的能力相对增大,水流在悬栅周围产生相对较多的旋涡。而且布置双层悬栅后,悬栅的垂直阻水断面增大,受到悬栅作用的水流相对较多,则有相对较少的水流直接从悬栅下面通过,流向护坦的水流流速减小[图 6-10(b)],对护坦冲击减小,出流就相对平稳,悬栅能起到较好的消波稳流作用。

6.1.4.3　消力池内压强分析

通过数值模拟计算,得到消力池内未布置悬栅、布置单层悬栅以及布置双层悬栅的压强分布,如图 6-11~图 6-13 所示。对比压强分布图可知,布置悬栅前后,消力池和悬栅周围均未产生负压,最大压强值均在护坦处。消力池内未布置悬栅时(图 6-11),消力池高压区域范围较大,布置悬栅后(图 6-12、图 6-13),悬栅消力池内高压区域范围减小。对比图 6-12 和图 6-13 可知,布置双层悬栅时,消力池底板的压强相对较大,布置单层悬栅时,消力池底板的压强相对较小。由于布置双层悬栅时,悬栅对水流的作用较单层布置更大,栅下水流流速相对较小,则消力池底板受到水流冲击较大,所受压强相对较大。通过对比图 6-11(a)、图 6-12(a)和图 6-13(a)中压强等值线可以发现,未布置悬栅时,压强等值线比较平顺;布置单层悬栅时,压强等值线有波动;布置双层悬栅时,压强等值线波动较大,且波动的压强等值范围增大,说明双层悬栅对水流作用较大。

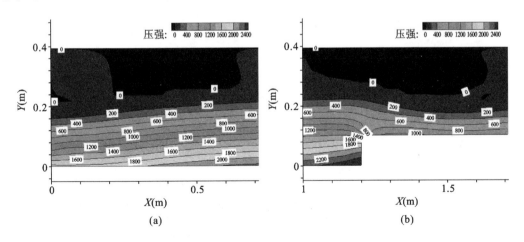

(a)　　　　　　　　　　　　　(b)

图 6-11　未布置悬栅时消力池内的压强分布(单位:Pa)

(a)消力池内压强分布;(b)护坦处压强分布

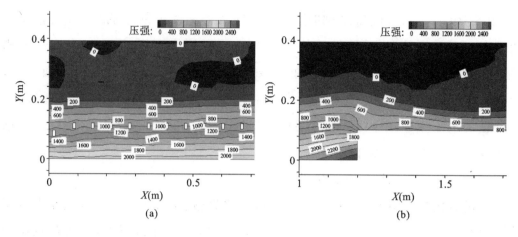

图 6-12　布置单层悬栅时消力池内的压强分布（单位：Pa）

(a)消力池内压强分布；(b)护坦处压强分布

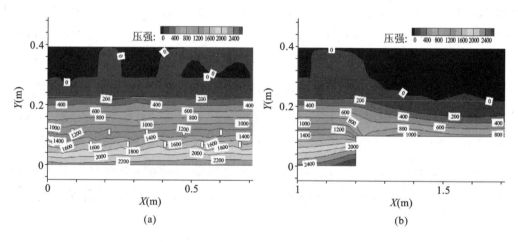

图 6-13　布置双层悬栅时消力池内的压强分布（单位：Pa）

(a)消力池内压强分布；(b)护坦处压强分布

6.2　消力池内双层悬栅不同布置形式消能效果研究

6.2.1　消力池内双层悬栅消能效果影响因子排序

6.2.1.1　均匀正交设计

由于研究流量、层距、栅距、栅条数量等每个因子的改变对消能效果的影响，需要大量模型试验，为减小工作量，需对试验进行优化设计。根据均匀正交设计方法，可减少多水平多因素试验次数。考虑多方面因素，选择 $UL_9(3^4)$ 进行试验方案优化设计，其中栅条数量取 $n=7$ 根、$n=11$ 根、$n=15$ 根，栅距取

$b_1 = 8$ cm、$b_1 = 10$ cm、$b_1 = 12$ cm,层距取 $b_2 = 2$ cm、$b_2 = 3$ cm、$b_2 = 4$ cm,单宽流量取 $q_0 = 15.71$ L/s、$q_0 = 18.57$ L/s、$q_0 = 21.43$ L/s,得到优化试验表,具体见表 6-5。

表 6-5 均匀正交试验优化方案

试验序号	单宽流量 q_0(L/s)	栅条数量 n(根)	栅距 b_1(cm)	层距 b_2(cm)
1	15.71	7	12	3
2	15.71	11	10	2
3	15.71	15	8	4
4	18.57	7	10	4
5	18.57	11	8	3
6	18.57	15	12	2
7	21.43	7	8	2
8	21.43	11	12	4
9	21.43	15	10	3

6.2.1.2 消能效果影响因素排序

通过试验得到未布置悬栅时消力池内最大水深、消能率与水跃现象(表 6-6),以及悬栅不同布置形式下消力池内最大水深、最大下降水深与消能率(表 6-7)。

表 6-6 未布置悬栅试验结果

试验序号	单宽流量 q_0(L/s)	最大水深 H_1(cm)	消能率 η(%)	水跃现象
1	15.71	25.36	68.45	淹没式水跃
2	18.57	28.25	71.73	淹没式水跃
3	21.43	31.40	74.91	远驱式水跃

表 6-7 布置悬栅后试验结果

试验序号	单宽流量 q_0(L/s)	栅条数量 n(根)	栅距 b_1(cm)	层距 b_2(cm)	最大水深 H_1(cm)	最大下降水深 H_2(cm)	消能率 η(%)
1	15.71	7	12	3	23.59	1.77	68.56
2	15.71	11	10	2	23.80	1.56	68.89
3	15.71	15	8	4	24.17	1.19	69.35
4	18.57	7	10	4	25.57	2.68	72.70
5	18.57	11	8	3	26.54	1.71	71.74
6	18.57	15	12	2	26.77	1.48	72.24
7	21.43	7	8	2	28.98	2.42	76.71
8	21.43	11	12	4	27.55	3.85	75.62

续表 6-7

试验序号	单宽流量 q_0(L/s)	栅条数量 n(根)	栅距 b_1(cm)	层距 b_2(cm)	最大水深 H_1(cm)	最大下降水深 H_2(cm)	消能率 η(%)
9	21.43	15	10	3	28.15	3.25	75.64
T_1	4.52	6.87	7.10	6.73	—	19.91	—
T_2	5.87	7.12	7.49	5.46	—	—	—
T_3	9.52	5.92	5.32	7.72	—	—	—
M_1	1.51	2.29	2.37	2.24	—	—	—
M_2	1.96	2.37	2.50	1.82	—	—	—
M_3	3.17	1.97	1.77	2.57	—	—	—
R_1	1.66	0.40	0.73	0.75	—	—	—

注：T_i 表示相同因素下最大水深的和(其中 $i=1,2,3$)，$M_i=T_i/3$，$R_1=\max(M_1,M_2,M_3)-\min(M_1,M_2,M_3)$。

消力池内布置不同形式双层悬栅后，均在消力池内形成淹没式水跃，流态相对稳定，相对未布置悬栅时消能率均有所提高，池内最大水深均有所下降。单宽流量 q_0 的改变，对消力池内最大水深和消能率的影响比较大，消能率随着单宽流量的提高而提高，说明在设计流量下，在消力池内布置双层悬栅可以改善其消能效果。在不考虑流量情况下，栅条数量 n、栅距 b_1 以及层距 b_2 的改变，对消力池消能效果同样有影响，消能率平均变化率为 1.31%，最大下降水深平均变化率为 38.23%。说明栅条数量 n、栅距 b_1 以及层距 b_2 的改变，对消力池消能率影响较小，对最大下降水深影响较大。对四因素三水平所得的平均最大下降水深进行极差计算，可得栅条数量 n、栅距 b_1、层距 b_2 对应平均最大下降水深的极差 R_1 分别为 0.40 cm、0.73 cm、0.75 cm。对比极差可知，层距 b_2 改变引起的平均最大下降水深极差最大，其次是栅距 b_1，栅条数量 n 改变引起的平均最大下降水深极差最小。

试验结果显示，流量改变，水流速度和消力池内水深也同时改变。消力池内布置双层悬栅后，悬栅阻挡水流，将水流分成上下两股，使上下水流相互碰撞，增大水流掺气量，水流中大部分能量被耗散，流速和最大下降水深变化幅度也比较大；不考虑流量情况下，改变栅条数量 n 和栅距 b_1，只改变了悬栅水平断面面积，垂直断面面积并未改变，水流与悬栅碰撞概率较小，水流掺气量较少，水跃减弱较慢，最大下降水深变化较小；改变层距 b_2，则改变了悬栅垂直断面面积，水流与悬栅碰撞概率增大，水流掺气量较多，水跃减弱较快，最大下降水深变化较大，说明改变悬栅层距对最大下降水深影响更大；流量不变，只改变悬栅栅条数量 n、栅距 b_1 以及层距 b_2，水流经过悬栅时因掺气消能，流速减小，流量不变，水深增大，流速变化量和水深变化量相差不大，因此消能率变化不大。

6.2.2 双层悬栅层距对消能特性的影响

通过在消力池内布置双层悬栅进行模型试验,得到双层悬栅层距的改变对消能效果的影响。下面通过改变双层悬栅层距进行模型试验,观察分析层距的改变对消能效果的影响。

6.2.2.1 上层栅高确定

均匀正交模型试验结果显示,在消力池内布置双层悬栅,当栅条数量 $n=11$ 根、栅距 $b_1=12$ cm、层距 $b_2=4$ cm 时消能效果较好。针对消力池内布置双层悬栅,设计模型试验方案,保持栅条数量和栅距不变,先固定下层栅高 $h_2=9$ cm,改变上层栅高 h_1,选取 $h_1=11$ cm、$h_1=12$ cm、$h_1=18$ cm,悬栅层距 b_2 分别取 $b_2=2$ cm、$b_2=3$ cm、$b_2=9$ cm,在单宽流量设计值 $q_0=21.43$ L/s 下进行试验,具体见表 6-8,对比消力池内流态及最大水深。

表 6-8　上层悬栅布置设计

试验序号	单宽流量 q_0(L/s)	栅条数量 n(根)	栅距 b_1(cm)	上层栅高 h_1(cm)	下层栅高 h_2(cm)	层距 b_2(cm)
1	21.43	—	—	—	—	—
2	21.43	11	12	18	9	9
3	21.43	11	12	12	9	3
4	21.43	11	12	11	9	2

通过试验得到改变上层栅高 h_1 后试验结果(表 6-9)。由表 6-9 可知,上层悬栅布置过高,层距 b_2 较大,消力池内水位上升,最大下降水深 H_2 相对层距 b_2 较小时下降较少,池内流态不平稳,消能效果相对较差。因此在设计试验方案时,选择固定上层悬栅,即上层栅高 $h_1=11$ cm,通过改变下层栅高 h_2 来改变层距 b_2 进行试验研究。

表 6-9　上层悬栅对消力池内最大水深影响试验结果

试验序号	单宽流量 q_0(L/s)	栅条数量 n(根)	栅距 b_1(cm)	上层栅高 h_1(cm)	下层栅高 h_2(cm)	层距 b_2(cm)	最大水深 H_1(cm)	最大下降水深 H_2(cm)
1	21.43	—	—	—	—	—	31.40	—
2	21.43	11	12	18	9	9	29.46	1.94
3	21.43	11	12	12	9	3	28.45	2.95
4	21.43	11	12	11	9	2	27.84	3.56

6.2.2.2 下层栅高确定

先固定上层栅高 $h_1 = 11$ cm，改变下层栅高 h_2，选取 $h_2 = 5$ cm、$h_2 = 4$ cm、$h_2 = 4$ cm，即悬栅层距 $b_2 = 6$ cm、$b_2 = 7$ cm、$b_2 = 8$ cm，在单宽流量设计值 $q_0 = 21.43$ L/s 下进行试验，具体见表 6-10，对比消力池内流态及最大水深。

表 6-10　下层悬栅布置设计

试验序号	单宽流量 q_0(L/s)	栅条数量 n(根)	栅距 b_1(cm)	上层栅高 h_1(cm)	下层栅高 h_2(cm)	层距 b_2(cm)
1	21.43	—	—	—	—	—
2	21.43	11	12	11	5	6
3	21.43	11	12	11	4	7
4	21.43	11	12	11	3	8

通过试验得到改变下层栅高 h_2 的试验结果（表 6-11）。由表 6-11 可知，当层距 b_2 较大时，下层栅高 h_2 较小，悬栅距消力池池底较近，当来流中含沙量较大时，对于一些需要兼顾排沙的底孔消力池就不能起到良好的辅助消能作用；而且当层距 b_2 较大时，最大下降水深 H_2 下降较少，渥奇段有水溅出，消力池内流态不稳定，消能效果相对较差。因此在设计试验方案时，下层栅高 h_2 不宜过低，即层距 b_2 不宜过大，层距 b_2 与消力池池深 d 的比值 b_2/d 应小于 0.7。

表 6-11　下层悬栅对消力池内最大水深影响试验结果

试验序号	单宽流量 q_0(L/s)	栅条数量 n(根)	栅距 b_1(cm)	上层栅高 h_1(cm)	下层栅高 h_2(cm)	层距 b_2(cm)	最大水深 H_1(cm)	最大下降水深 H_2(cm)
1	21.43	—	—	—	—	—	31.40	—
2	21.43	11	12	11	5	6	28.83	2.57
3	21.43	11	12	11	4	7	29.32	2.08
4	21.43	11	12	11	3	8	29.54	1.86

6.2.2.3 层距变化方案设计

在层距 b_2 取值范围确定后，即可进行本次试验方案设计（表 6-12）。首先，在消力池内未布置悬栅时进行试验；然后在消力池中设置悬栅，保持栅条数量 n 和栅距 b_1 不变，即栅条数量 $n = 11$ 根和栅距 $b_1 = 12$ cm 均保持不变，在单宽流量设计值 $q_0 = 21.43$ L/s 和单宽流量验证值 $q_0 = 18.57$ L/s 两种工况下分别进行试验,其中层距 b_2 分别取 2 cm、3 cm、4 cm、5 cm、6 cm。为便于试验结果分析,令层距 b_2 与消力池池深 d 的比值 $m_1 = b_2/d$,根据层距 b_2 取值范围,比值 m_1 取 0.2~0.6。

表 6-12 层距方案设计

试验序号	单宽流量 q_0 (L/s)	栅条数量 n (根)	栅距 b_1 (cm)	层距 b_2 (cm)	比值 m_1
1	21.43	—	—	—	—
2	21.43	11	12	2	0.2
3	21.43	11	12	3	0.3
4	21.43	11	12	4	0.4
5	21.43	11	12	5	0.5
6	21.43	11	12	6	0.6
7	18.57	—	—	—	—
8	18.57	11	12	2	0.2
9	18.57	11	12	3	0.3
10	18.57	11	12	4	0.4
11	18.57	11	12	5	0.5
12	18.57	11	12	6	0.6

6.2.2.4 消力池流态分析

根据双层悬栅设计方案,在单宽流量设计值 $q_0 = 21.43$ L/s 工况下,通过试验得到悬栅设置不同层距 b_2 时消力池内水流流态(图 6-14)。当层距取 $b_2 = 4$ cm 即 $m_1 = 0.4$ 时,消力池内水流相对比较稳定[图 6-14(c)],消力池后段水面比较平稳,没有剧烈波动,水流对消力池稳定性影响较小;当 m_1 取其他值时,水面波动比较剧烈,出流不平稳,尤其是当 $m_1 > 0.4$ 时,消力池内水深较大,渥奇段水跃波动剧烈,对消力池稳定性影响较大。

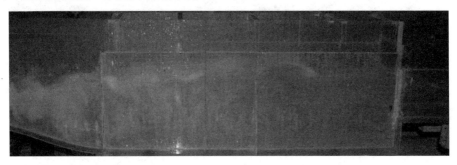

(a)

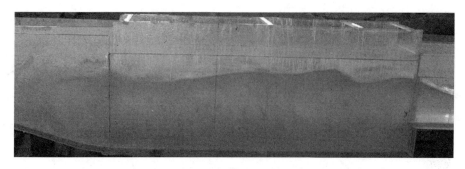

(b)

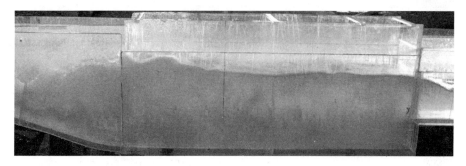

(c)

(d)

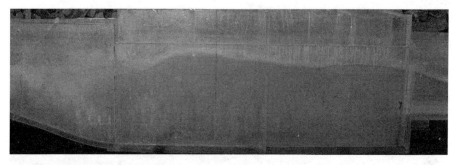

(e)

图 6-14 悬栅层距与池深比值 m_1 不同时消力池内水流流态

(a)$m_1=0.2$;(b)$m_1=0.3$;(c)$m_1=0.4$;(d)$m_1=0.5$;(e)$m_1=0.6$

6.2.2.5 单宽流量设计值下消能效果

通过试验得到在单宽流量设计值 $q_0 = 21.43$ L/s 条件下,消力池内最大水深、最大下降水深以及消能率(表 6-13)。由表 6-13 可知,保持栅条数量 n 和栅距 b_1 不变,只改变层距 b_2,消能率 η 的变化率为 1.60%,最大下降水深 H_2 的变化率为 49.81%。显然,层距 b_2 的改变对消能率 η 影响不大,对最大下降水深 H_2 影响较大。

表 6-13 单宽流量设计值下不同层距的消力池内消能效果

试验序号	单宽流量 q_0(L/s)	栅条数量 n(根)	栅距 b_1(cm)	层距 b_2(cm)	比值 m_1	最大水深 H_1(cm)	最大下降水深 H_2(cm)	消能率 η(%)
1	21.43	—	—	—	—	31.40	—	74.91
2	21.43	11	12	2	0.2	27.84	3.56	75.74
3	21.43	11	12	3	0.3	28.01	3.39	75.70
4	21.43	11	12	4	0.4	27.55	3.85	75.62
5	21.43	11	12	5	0.5	28.79	2.61	76.83
6	21.43	11	12	6	0.6	28.83	2.57	76.81

根据试验结果,结合模型试验观察分析可知,当层距 b_2 较小即比值 m_1 较小时,悬栅垂直断面面积较小,较少水流从悬栅之间流过,悬栅阻水能力较弱,水在流动中携带能量较大,水流到达消力池尾坎时回流较多,与后面流入消力池内的水流相撞,将消力池水位壅高,水量增多,消力池边墙和底板受到水流压力增大,从而影响消力池稳定性;当比值 m_1 较大时,悬栅垂直断面面积较大,较多水流从悬栅之间流过,悬栅阻水能力较强,水流停滞在消力池前段时间较长,消力池上游段水深增大,其在掺气消能时,对消力池边墙和底板冲击增强,消力池稳定性同样受到影响;当比值 $m_1 = 0.4$ 时,悬栅垂直断面面积适中,从悬栅之间经过的水流量适中,水流不会在消力池前段停滞过久,消力池水位不会壅高,悬栅不仅起到了一定的消能作用,而且水深下降较多,消波作用较显著。因此,在单宽流量设计值 $q_0 = 21.43$ L/s 条件下,消力池内布置双层悬栅,栅条数量 n 和栅距 b_1 均不变时,层距 b_2 与池深 d 的比值 $m_1 = 0.4$ 时消力池消能效果相对较好。

6.2.2.6 单宽流量验证值下消能效果

根据试验设计方案,参考单宽流量设计值 $q_0 = 21.43$ L/s 条件下的试验结果,选取 $q_0 = 18.57$ L/s 作为单宽流量验证值进行试验,得到消力池内最大水深、最大下降水深以及消能率(表 6-14)。

表 6-14 单宽流量验证值下不同层距的消力池内消能效果

试验序号	单宽流量 q_0(L/s)	栅条数量 n(根)	栅距 b_1(cm)	层距 b_2(cm)	比值 m_1	最大水深 H_1(cm)	最大下降水深 H_2(cm)	消能率 η(%)
1	18.57	—	—	—	—	28.25	—	71.73
2	18.57	11	12	2	0.2	26.69	1.56	70.81
3	18.57	11	12	3	0.3	26.00	2.25	71.74
4	18.57	11	12	4	0.4	25.82	2.43	72.53
5	18.57	11	12	5	0.5	27.08	1.17	73.27
6	18.57	11	12	6	0.6	27.22	1.03	72.46

从表 6-14 可知,当保持栅条数量 n 和栅距 b_1 不变,只改变层距 b_2 时,最大下降水深 H_2 的变化率为 57.6%,消能率 η 的变化率为 3.4%。同样,在单宽流量验证值 q_0＝18.57 L/s 时,层距 b_2 改变对消能率 η 影响不大,对最大下降水深 H_2 影响较大,说明在两种流量下层距 b_2 改变对消能效果影响是相同的。随着比值 m_1 逐渐增大,最大下降水深 H_2 先逐渐增大后逐渐减小,且在比值 m_1＝0.4 时,最大下降水深 H_2 达到最大值,说明在单宽流量验证值 q_0＝18.57 L/s 时,消力池内布置双层悬栅,栅条数量 n 和栅距 b_1 均不变,同样当层距 b_2 与池深 H_3 的比值 m_1＝0.4 时,消力池消能效果相对较好,同时说明该流量下,悬栅消波特性与单宽流量设计值下相似。

6.2.2.7 两种流量下试验成果对比分析

根据单宽流量设计值 q_0＝21.43 L/s 和单宽流量验证值 q_0＝18.57 L/s 条件下的模型试验结果,得到比值 m_1 与最大下降水深 H_2 变化关系曲线(图 6-15)以及比值 m_1 与消能率变化关系曲线(图 6-16)。

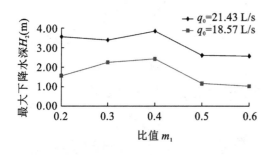

图 6-15 比值 m_1 与最大下降水深 H_2 变化关系

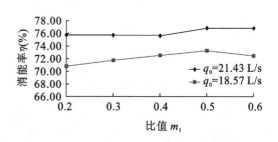

图 6-16 比值 m_1 与消能率变化关系

由图 6-15 可知,随着比值 m_1 逐渐增大,最大下降水深 H_2 随之改变,当比值 $m_1=0.4$ 时,最大下降水深 H_2 达到最大值。在单宽流量设计值 $q_0=21.43$ L/s 条件下,当比值 $m_1<0.4$ 时,最大下降水深 H_2 先减小后增大;当比值 $m_1>0.4$ 时,最大下降水深 H_2 逐渐减小,且相对最大下降水深减小幅度较大。在单宽流量验证值 $q_0=18.57$ L/s 条件下,当比值 $m_1<0.4$ 时,最大下降水深 H_2 逐渐增大;当比值 $m_1>0.4$ 时,最大下降水深 H_2 逐渐减小,同样相对最大下降水深减小幅度较大。由图 6-16 可知,比值 m_1 改变,消能率 η 变化不大;单宽流量设计值 $q_0=21.43$ L/s 条件下的消能率 η 大于单宽流量验证值 $q_0=18.57$ L/s 条件下的消能率 η,符合消力池消能规律。

从图 6-15 中比值 m_1 与最大下降水深的关系可以看出,在两种流量下,层距 b_2 与最大下降水深 H_2 关系变化趋势基本吻合,说明在两种流量下,层距 b_2 对消力池消能效果影响规律相似。当层距 b_2 较小或较大时,均使消力池内最大水深 H_1 上升,影响消力池稳定性。具体来看,当层距 b_2 较大时,悬栅垂直断面增大,悬栅阻水能力较强,水流停滞在消力池前段时间较长,水流遇到尾坎回流较少,消力池内水位壅高较大,最大下降水深 H_2 下降幅度较小;而当层距 b_2 较小时,悬栅垂直断面减小,悬栅阻水能力较弱,水流停滞在消力池前段时间较短,水流遇到尾坎回流较多,消力池水位壅高较小,最大下降水深 H_2 下降幅度较大。分析结果表明,悬栅阻水能力使消力池内最大水深 H_1 壅高增大,而水流受到尾坎阻挡回流使消力池内最大水深 H_1 壅高减小。说明层距 b_2 较大时,消力池最大水深下降幅度较小,消力池底板和边墙受到水流压力较大,消力池稳定性受影响较大。

6.2.3 双层悬栅栅距对消能特性的影响

6.2.3.1 栅距变化方案设计

参考层距的取值范围可知,悬栅栅距取值不宜过小或者过大。在设计悬栅布置方案时(表 6-15),首先在消力池内未布置悬栅时进行试验,然后保持栅条数量 n 和层距 b_2 不变,即栅条数量 $n=11$ 根和层距 $b_2=4$ cm 均保持不变,在单宽流量设计值 $q_0=21.43$ L/s 时,只改变栅距 b_1 进行试验,观察消力池内流态,测量最大水深,计算最大下降水深以及消能率,探究栅距 b_1 的改变对消能特性的影响。为验证栅距 b_1 对消能特性的影响规律,在单宽流量验证值 $q_0=18.57$ L/s 时进行试验,其中栅距 b_1 分别取 6 cm、8 cm、10 cm、12 cm、14 cm。为便于分析试验结果,令栅距 b_1 与消力池池深 d 的比值 $m_2 = b_1/d$,根据栅距 b_1 取值范围,比值 m_2 取 0.6~1.4。

表 6-15　栅距方案设计

试验序号	单宽流量 q_0(L/s)	栅条数量 n(根)	栅距 b_1(cm)	层距 b_2(cm)	比值 m_2
1	21.43	—	—	—	—
2	21.43	11	6	4	0.6
3	21.43	11	8	4	0.8
4	21.43	11	10	4	1.0
5	21.43	11	12	4	1.2
6	21.43	11	14	4	1.4
7	18.57	—	—	—	—
8	18.57	11	6	4	0.6
9	18.57	11	8	4	0.8
10	18.57	11	10	4	1.0
11	18.57	11	12	4	1.2
12	18.57	11	14	4	1.4

6.2.3.2　单宽流量设计值下消力池内流态

通过试验得到在单宽流量设计值 $q_0 = 21.43$ L/s、悬栅设置不同栅距 b_1 时消力池内水流流态(图 6-17)。当栅距取 $b_1 = 12$ cm 即 $m_2 = 1.2$ 时,消力池内水流相对比较稳定[图 6-17(d)],消力池后段水面比较平稳,没有剧烈波动,水流对消力池稳定性影响较小;当 m_2 取其他值时,水面波动比较剧烈,消力池水流出流不平稳,尤其当 $m_2 = 0.6$ 时,水流在消力池内形成远驱式水跃,部分悬栅无法起到辅助消能作用,消能效果更不理想。

(a)

(b)

(c)

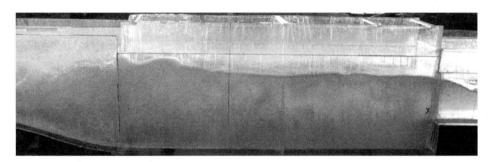

(d)

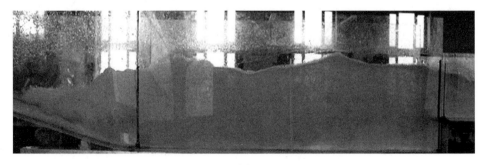

(e)

图 6-17　悬栅栅距与池深的比值 m_2 不同时消力池内水流流态

(a)$m_2=0.6$;(b)$m_2=0.8$;(c)$m_2=1.0$;(d)$m_2=1.2$;(e)$m_2=1.4$

6.2.3.3 单宽流量设计值下最大下降水深及消能率

通过试验得到在单宽流量设计值 $q_0 = 21.43$ L/s 时,消力池内最大水深、最大下降水深以及消能率(表 6-16)。由表 6-16 可知,保持栅条数量 n 和层距 b_2 不变,只改变栅距 b_1,消能率 η 的变化率为 0.96%,最大下降水深 H_2 的变化率为 36.27%。因此,栅距 b_1 的改变,对消能率 η 影响不大,对最大下降水深 H_2 影响较大。

表 6-16 单宽流量设计值下不同栅距的消力池内消能效果

试验序号	单宽流量 q_0(L/s)	栅条数量 n(根)	栅距 b_1(cm)	层距 b_2(cm)	比值 m_2	最大水深 H_1(cm)	最大下降水深 H_2(cm)	消能率 η(%)
1	21.43	—	—	—	—	31.40	—	74.91
2	21.43	11	6	4	0.6	27.23	4.17	75.03
3	21.43	11	8	4	0.8	27.64	3.76	75.17
4	21.43	11	10	4	1.0	27.69	3.71	75.46
5	21.43	11	12	4	1.2	27.55	3.85	75.62
6	21.43	11	14	4	1.4	28.34	3.06	74.90

根据试验结果,结合模型试验观察分析可知,当栅距 b_1 较小即比值 m_2 较小时,悬栅水平断面面积较小,悬栅之间水流相互作用较小,悬栅阻水能力较弱,过栅水流携带能量较大,水流到达消力池尾坎时,回流较多,与后面流入消力池内水流相撞,将消力池水位壅高,水量增多,消力池边墙和底板受到水流压力增大,从而影响消力池稳定性(其中当比值 $m_2 = 0.6$ 时,水流在消力池内形成远驱式水跃,消能效果较差);当比值 m_2 较大时,悬栅水平断面面积较大,悬栅之间水流相互作用较大,悬栅阻水能力较强,水流停滞在消力池前段时间较长,消力池前段水深增大,水流掺气消能时,对消力池边墙和底板冲击增强,消力池稳定性同样受到影响;当比值 $m_2 = 1.2$ 时,悬栅水平断面面积适中,从悬栅之间经过的水流量适中,水流不会在消力池前段停滞过久,消力池水位不会壅高,悬栅不仅起到了一定的消能作用,而且水深下降较多,消波作用较显著。因此,在单宽流量设计值 $q_0 = 21.43$ L/s,消力池内布置双层悬栅栅条数量 n 和层距 b_2 均不变,且栅距 b_1 与池深 d 的比值 $m_2 = 1.2$ 时,消力池消能效果相对较好。

6.2.3.4 单宽流量验证值下最大下降水深及消能率

参考单宽流量设计值 $q_0 = 21.43$ L/s 时的试验结果,选取 $q_0 = 18.57$ L/s

作为单宽流量验证值。根据试验设计方案进行模型试验,得到消力池内最大水深、最大下降水深以及消能率(表6-17)。

表6-17　单宽流量验证值下不同栅距的消力池内消能效果

试验序号	单宽流量 q_0(L/s)	栅条数量 n(根)	栅距 b_1(cm)	层距 b_2(cm)	比值 m_2	最大水深 H_1(cm)	最大下降水深 H_2(cm)	消能率 η(%)
1	18.57	—	—	—	—	28.25	—	71.73
2	18.57	11	6	4	0.6	26.23	2.02	70.68
3	18.57	11	8	4	0.8	26.82	1.43	71.54
4	18.57	11	10	4	1.0	26.51	1.74	71.35
5	18.57	11	12	4	1.2	25.82	2.43	72.53
6	18.57	11	14	4	1.4	25.92	2.33	71.62

可由表6-17知,保持栅条数量 n 和层距 b_2 不变,只改变栅距 b_1 时,最大下降水深 H_2 的变化率为69.93%,消能率 η 的变化率为2.62%。同样,在单宽流量验证值 $q_0=18.57$ L/s时,栅距 b_1 改变对消能率 η 影响不大,对最大下降水深 H_2 影响较大,说明在两种流量下栅距 b_1 的改变对消能效果影响是相同的。随着比值 m_2 逐渐增大,最大下降水深 H_2 随之改变,且在比值 $m_2=1.2$ 时,最大下降水深 H_2 达到最大值,说明在单宽流量验证值 $q_0=18.57$ L/s,消力池内布置双层悬栅栅条数量 n 和层距 b_2 均不变,且栅距 b_1 与池深 d 的比值 $m_2=1.2$ 时,消力池消能效果相对较好,该流量下的悬栅消波特性与单宽流量设计值相似。

6.2.4　双层悬栅栅条数量对消能特性影响

6.2.4.1　栅条数量变化方案设计

根据层距以及栅距的取值范围可知,悬栅栅条数量取值不宜过少或者过多,悬栅太少不能起到消能作用,悬栅太多则会使消力池水位壅高。在设计悬栅布置方案时(表6-18),首先在消力池内未布置悬栅时进行试验,然后保持栅距 b_1 和层距 b_2 不变,即栅距 $b_1=12$ cm 和层距 $b_2=4$ cm 均保持不变,在单宽流量设计值 $q_0=21.43$ L/s时,只改变栅条数量 n 进行试验,观察消力池内流态,测量最大水深,计算最大下降水深以及消能率,探究栅条数量的改变对消能特性的影响。为验证栅条数量 n 对消能特性的影响规律,在单宽流量验证值 $q_0=$

18.57 L/s 时进行试验,其中栅条数量 n 分别取 7 根、9 根、11 根、13 根、15 根。为便于进行试验结果分析,令栅条数量 n 与消力池池深 d 的比值 $m_3 = n/d$,根据栅距 b_1 取值范围,比值 m_3 取 0.7～1.5。

表 6-18　栅条数量方案设计

试验序号	单宽流量 q_0(L/s)	栅条数量 n(根)	栅距 b_1(cm)	层距 b_2(cm)	比值 m_3
1	21.43	—	—	—	—
2	21.43	7	12	4	0.7
3	21.43	9	12	4	0.9
4	21.43	11	12	4	1.1
5	21.43	13	12	4	1.3
6	21.43	15	12	4	1.5
7	18.57	—	—	—	—
8	18.57	7	12	4	0.7
9	18.57	9	12	4	0.9
10	18.57	11	12	4	1.1
11	18.57	13	12	4	1.3
12	18.57	15	12	4	1.5

6.2.4.2　单宽流量设计值下消力池内流态

根据试验设计方案,在单宽流量设计值 $q_0 = 21.43$ L/s 时,通过试验得到在双层悬栅消力池内设置不同栅条数量 n 时消力池内水流流态(图 6-18)。当栅条数量取 $n = 11$ 即比值 $m_3 = 1.1$ 时,消力池内水流相对比较稳定[图 6-18(c)],消力池后段水面比较平稳,没有剧烈波动,水流对消力池稳定性影响较小;当比值 m_3 取其他值时,水面波动比较剧烈,水位较高,水流对边墙冲击较大,消力池末端水流出流不平稳。

(a)

(b)

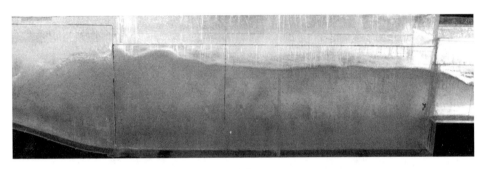

(c)

(d)

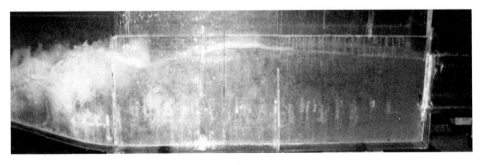

(e)

图 6-18 悬栅栅条数量与池深的比值 m_3 不同时消力池内水流流态

(a)$m_3=0.7$;(b)$m_3=0.9$;(c)$m_3=1.1$;(d)$m_3=1.3$;(e)$m_3=1.5$

6.2.4.3 单宽流量设计值下最大下降水深及消能率

通过试验得到在单宽流量设计值 $q_0 = 21.43$ L/s 时,消力池内最大水深、最大下降水深以及消能率(表 6-19)。由表 6-19 可知,保持栅距 b_1 和层距 b_2 不变,只改变栅条数量 n,消能率 η 的变化率为 1.14%,最大下降水深 H_2 的变化率为 34.15%。因此,栅条数量 n 的改变,对消能率 η 影响不大,对最大下降水深 H_2 影响较大。

表 6-19 单宽流量设计值下不同栅条数量的消力池内消能效果

试验序号	单宽流量 q_0(L/s)	栅条数量 n(根)	栅距 b_1(cm)	层距 b_2(cm)	比值 m_3	最大水深 H_1(cm)	最大下降水深 H_2(cm)	消能率 η(%)
1	21.43	—	—	—	—	31.40	—	74.91
2	21.43	7	12	4	0.7	28.01	3.39	75.32
3	21.43	9	12	4	0.9	28.18	3.22	75.74
4	21.43	11	12	4	1.1	27.55	3.85	75.62
5	21.43	13	12	4	1.3	28.53	2.87	75.59
6	21.43	15	12	4	1.5	27.93	3.47	74.77

根据试验结果分析可知,当栅条数量 n 较小即比值 m_3 较小时,悬栅数量较少,悬栅阻水能力较弱,过栅水流携带能量较大,水流到达消力池尾坎时,回流较多,与后面流入消力池内水流相撞,将消力池水位壅高,水量增多,消力池边墙和底板受到水流压力增大,从而影响消力池稳定性;当比值 m_3 较大时,悬栅数量较多,悬栅阻水能力较强,水流停滞在消力池前段时间较长,消力池前段水深增大,水流掺气消能时,对消力池边墙和底板冲击增强,消力池稳定性同样受到影响;当比值 $m_3 = 1.1$ 时,悬栅数量适中,从悬栅之间经过的水流量适中,水流不会在消力池前段停滞过久,消力池水位不会壅高,悬栅不仅起到了一定的消能作用,而且水深下降较多,消波作用较显著。因此,在单宽流量设计值 $q_0 = 21.43$ L/s,消力池内布置双层悬栅栅距 b_1 和层距 b_2 均不变,且栅条数量 n 与池深 d 的比值 $m_3 = 1.1$ 时,消力池消能效果相对较好。

6.2.4.4 单宽流量验证值下最大下降水深及消能率

根据试验设计方案,参考单宽流量设计值 $q_0 = 21.43$ L/s 时的模型试验结果,选取 $q_0 = 18.57$ L/s 作为单宽流量验证值进行对比验证。在双层悬栅消力池内布置不同数量栅条,通过模型试验得到单宽流量设计值 $q_0 = 18.57$ L/s 时消力池内最大水深、最大下降水深以及消能率(表 6-20)。

表 6-20　单宽流量验证值下布置不同数量栅条的消力池内消能效果

试验序号	单宽流量 q_0(L/s)	栅条数量 n(根)	栅距 b_1(cm)	层距 b_2(cm)	比值 m_3	最大水深 H_1(cm)	最大下降水深 H_2(cm)	消能率 η(%)
1	18.57	—	—	—	—	28.25	—	71.73
2	18.57	7	12	4	0.7	26.46	1.79	71.67
3	18.57	9	12	4	0.9	25.99	2.26	71.76
4	18.57	11	12	4	1.1	25.82	2.43	72.53
5	18.57	13	12	4	1.3	26.50	1.75	71.68
6	18.57	15	12	4	1.5	26.67	1.58	73.53

由表 6-20 可知,保持栅距 b_1 和层距 b_2 不变,只改变栅条数量 n 时,最大下降水深 H_2 的变化率为 53.80%,消能率 η 的变化率为 2.60%。同样,在单宽流量验证值 $q_0 = 18.57$ L/s 时,栅条数量 n 改变对消能率 η 影响不大,对最大下降水深 H_2 影响较大,说明在两种流量下改变栅条数量 n 对消能效果的影响是相同的。随着比值 m_3 逐渐增大,最大下降水深 H_2 先逐渐增大后逐渐减小,且在比值 $m_3 = 1.1$ 时,最大下降水深 H_2 达到最大值,说明在单宽流量验证值 $q_0 = 18.57$ L/s,消力池内布置双层悬栅栅距 b_1 和层距 b_2 均不变,且栅条数量 n 与池深 d 的比值 $m_3 = 1.1$ 时,消力池消能效果相对较好,该流量下的悬栅消波特性与单宽流量设计值相似。

6.3　悬栅消力池内水流冲刷过程中双层悬栅稳定性研究

在消力池内布置双层悬栅时,因其将水流分成上下两股进行掺气消能,水流在消力池内形成水跃,掺气量大,流场复杂。由于力的相互性,水流对悬栅同样具有作用,悬栅极易受到水流的冲刷而破坏。因此在考虑双层悬栅最优布置形式的同时,也要考虑双层悬栅能够在实际工程中长期使用。通过模型试验和数值模拟可以得到消力池内双层悬栅较优布置形式。压强是反映双层悬栅遭受水流冲刷情况的重要参数,但在模型试验中,由于水流流场十分复杂,难以测量详细的压强场,因此可通过模拟计算得到双层悬栅消力池内较全面的压强场,然后再来分析水流对双层悬栅的冲刷作用。

消力池内的压强可分为静水压强和动水压强,但进入消力池的水流不断运动,布置双层悬栅时,消力池内的流态更加紊乱,静水压强和动水压强均时刻变化,总压强亦随之变化。而时均压强为某一点在一段时间内瞬时总压强的平均

值[56]，能较好地反映消力池底板受到水流作用的情况。悬栅因其悬挂在消力池边墙上，当水流进入消力池内，悬栅受到水流冲击而导致其稳定性受到极大影响，悬栅四面以迎水面和背水面受到水流作用最为明显。因此，以悬栅迎水面 p_1 与背水面 p_2 所受到的时均压强差 Δp（下面简称：压强差）来表征悬栅受到水流作用的大小。但不论压强差值是正还是负，均会对悬栅结构稳定产生影响，为便于分析，取时均压强差 Δp 的绝对值 $|\Delta p|$ 进行数据处理，其中 $|\Delta p|$ 由式（6-1）计算：

$$|\Delta p| = |p_1 - p_2| \tag{6-1}$$

通过数值模拟计算，得到消力池内未布置悬栅和布置双层悬栅时，各个计算方案中悬栅迎水面与背水面所受到的压强差的绝对值 $|\Delta p|$，见表 6-21。

表 6-21　各个悬栅时均压强差的绝对值 $|\Delta p|$

计算方案序号		1	2	3	4	5	6	7
	1#	689.16	703.79	652.09	576.31	560.93	528.33	635.94
	2#	170.96	9.66	32.27	68.88	63.39	59.21	19.52
	3#	46.28	34.02	29.99	26.92	24.14	35.80	122.58
	4#	9.03	12.82	4.49	23.33	7.42	15.84	5.48
	5#	19.69	55.61	34.99	31.36	70.13	6.45	8.28
	6#	29.96	16.44	2.93	16.24	23.93	39.56	138.96
	7#	69.14	101.69	106.66	33.09	122.00	57.38	138.96
	8#	30.50	45.06	34.48	6.81	15.73	3.71	14.17
压强差的	9#	99.01	198.51	181.18	45.06	168.28	61.34	176.05
绝对值	10#	14.53	7.05	4.85	23.42	8.73	3.10	28.03
$|\Delta p|$（Pa）	11#	100.85	126.51	124.61	95.30	88.67	76.75	156.29
	12#	9.45	5.06	11.86	1.85	10.01	18.97	9.21
	13#	—	70.86	79.54	74.92	122.73	74.32	108.72
	14#	—	39.14	38.69	6.78	13.08	18.30	13.62
	15#	—	117.43	130.83	92.69	108.26	90.76	18.51
	16#	—	12.45	11.30	11.46	10.16	7.74	5.44
	17#	—	—	112.38	—	—	—	—
	18#	—	—	10.06	—	—	—	—
	19#	—	—	93.65	—	—	—	—
	20#	—	—	13.33	—	—	—	—

注：表中 1#～20# 为悬栅编号。

由表 6-21 可知,消力池内布置双层悬栅后,各个计算方案中,每根悬栅的压强差均不同,但每个方案中 1# 悬栅所受压强差的绝对值 $|\Delta p|$ 均为最大,1# 悬栅的平均压强差为 620.94 Pa,该值远大于同计算方案中其他悬栅所受到压强差值。这是因为水流刚进入消力池时,水流动能较大,动能水头所形成的动水压强较大,1# 悬栅直接受到水流冲击,同一水深处静水压强相差不大,悬栅迎水面与背水面动水压强差较大,则所受压强差较大,而其他悬栅并未直接受到水流冲击,悬栅动水压强差较小,则所受压强差较小。因此,在进行 1# 悬栅结构设计时应提高其抗压强度。

比较各个方案中每个悬栅所受到的压强差可知,计算方案 2 中 1# 悬栅所受压强差最大,其值为 703.79 Pa;计算方案 4 中 12# 悬栅所受压强差最小,其值为 1.85 Pa。由于在消力池上游段时,动水压强占时均压强的主要部分,水深较小,悬栅迎水面与背水面的动水压强差较大;随着水流进入消力池下游段,由于悬栅作用,水流流速降低,水深增大,静水压强占时均压强的主要部分,水流对悬栅的冲击减小,悬栅迎水面与背水面的动水压强差较小。表 6-21 中 1# ～ 5# 为渥奇段保持固定的 4 根悬栅和消力池前端保持固定的 1 根悬栅,6# ～ 20# 为消力池内随计算方案变化的悬栅,其中 6#、8#、10#、12#、14#、16#、18#、20# 为上层悬栅,7#、9#、11#、13#、15#、17#、19# 为下层悬栅。

对比上、下层悬栅压强差可知,下层悬栅所受压强差均比相邻上层悬栅大,由于上层悬栅离底板距离较大,迎水面和背水面静水压强差与动水压强差均相差不大,则压强差较小;而下层悬栅离底板距离较小,静水压强差较小,动水压强差较大,则压强差较大。因此,进行悬栅结构稳定性设计时,需增加下层悬栅的抗压强度。

6.4 本章小结

新疆一些多沙河流枢纽上底孔出流的消能工,不仅要起消能作用,还要兼顾排沙功能。常见的辅助消能工易受到含沙水流冲刷,不能起到较好的辅助消能作用。

悬栅的置入可以较好地起到辅助消能的作用,具有消波特性好、环境影响小等优点。在消力池中设置双层悬栅,消能效果更优,但目前相关研究较少,故探究双层悬栅不同布置形式对其消能效果的影响规律具有重要意义。

本章通过均匀正交设计方法对消力池内布置双层悬栅模型试验进行方案设计,采用 FLUENT 软件建立相关数学模型进行计算,并将计算值与模型试验值进行对比验证,得到如下相关结论:

(1)在没有布置悬栅时,池内水流不平稳,水面起伏较大,消能效果并不理想;布置悬栅后,消力池内水流较平稳,水面均没有较大起伏;在相同栅条数量条件下布置双层悬栅,消力池内流态更加稳定,水面起伏不大,且双层悬栅可以在悬栅数量数较少的情况下使池内水流平稳。

(2)采用均匀正交设计方法对试验方案进行设计,影响因子中,栅条数量取 $n=7$ 根、$n=11$ 根、$n=15$ 根,栅距取 $b_1=8$ cm、$b_1=10$ cm、$b_1=12$ cm,层距取 $b_2=2$ cm、$b_2=3$ cm、$b_2=4$ cm,单宽流量取 $q_0=15.71$ L/s、$q_0=18.57$ L/s、$q_0=21.43$ L/s,进行模型试验。由试验结果可知:改变双层悬栅布置形式,对消能率影响不大,对最大下降水深影响较大,故悬栅对稳流消波作用比较明显。通过极差分析,在不考虑单宽流量情况下,在消力池内布置双层悬栅,则各因素对最大下降水深的影响排序为层距、栅距、栅条数量。

(3)通过数值模拟计算,根据物理模型试验值,对比不同悬栅布置形式下消力池内最大水深的计算值和试验值,得到两者误差均在 10% 以内,误差较小,吻合较好。且双层悬栅相对单层悬栅,计算值与试验值误差较小,说明双层悬栅使池内水面更加平稳,试验测量误差不大。

(4)分别令悬栅层距、栅距以及栅条数量与消力池池深的比值为 m_1、m_2、m_3,其中 m_1 取 0.2、0.3、0.4、0.5、0.6,m_2 取 0.6、0.8、1.0、1.2、1.4,m_3 取 0.7、0.9、1.1、1.3、1.5,分别进行模型试验,得到当 $m_1=0.4$、$m_2=1.2$、$m_3=1.1$ 时,消能效果最优,为悬栅最优布置形式。根据模型试验方案,层距取 $b_2=2$ cm、$b_2=3$ cm、$b_2=4$ cm,栅距取 $b_1=8$ cm、$b_1=10$ cm、$b_1=12$ cm,栅条数量取 $n=7$ 根、$n=11$ 根、$n=15$ 根,通过 RNG k-ε 双方程紊流模型进行数值模拟计算,对比分析不同层距、栅距、栅条数量时消力池内流速分布图和压强分布图,得到在单宽流量设计值 $q_0=21.43$ L/s 时,当双层悬栅层距 $b_2=4$ cm,栅距 $b_1=12$ cm,栅条数量 $n=11$ 根,即当 $m_1=0.4$、$m_2=1.2$、$m_3=1.1$ 时,消力池内水流稳定,消能效果理想,与模型试验结果相吻合。

（5）在消力池内安放双层悬栅时，提取其迎水面和背水面的时均压强，对比分析时均压强分布，发现消力池内第1根悬栅以及下层悬栅所受时均压强差较大。在进行消力池结构稳定性设计时，不仅要增加护坦的抗压强度，同时也要增加消力池内第1根悬栅以及下层悬栅的抗压强度。

7 悬栅消能工应用

7.1 五一水库溢洪洞悬栅消能工应用

7.1.1 工程概况

新疆迪那河五一水库溢洪洞布置在左岸导流洞兼泄洪排沙洞的外侧,轴线与坝轴线交角为 68°,由进口引渠段、控制段、洞身段、陡坡段、消力池段及出口明槽段组成。设计洪水位下,溢洪洞泄流量为 1351.97 m³/s;校核洪水位下,溢洪洞泄流量为 1767.16 m³/s。进口引渠为复式梯形断面,长 426.106 m,底板高程 1353.50 m,底板宽度 15.0 m。控制段为开敞式进口,采用 WES 堰型,堰顶高程 1358.0 m,堰宽 15.0 m。控制段设平板检修门、弧形工作门各一道。出口消力池长 70 m,底宽 18 m,墙高 25 m,底板高程 1272.70 m,坎顶高程 1281.00 m,墙顶高程 1297.70 m,出口明槽段长 43.0 m、宽 18.0 m。梯形墩消力池布置见图 7-1,在不改变梯形墩位置和消力池尺寸的基础上,采用悬栅-梯形墩综合式消力池,见图 7-2。

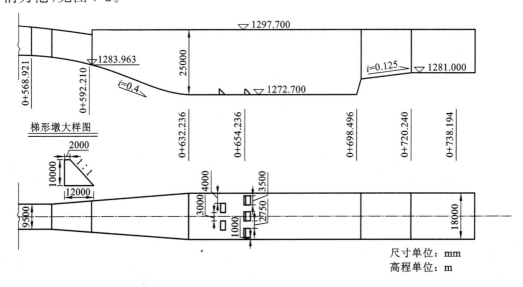

尺寸单位:mm
高程单位:m

图 7-1 梯形墩消力池布置

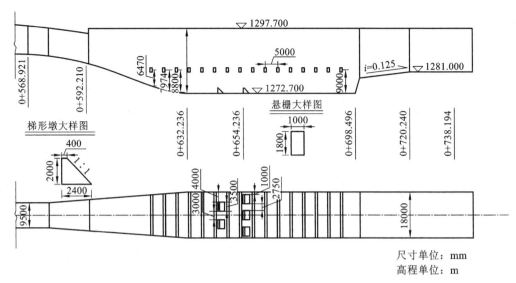

梯形墩大样图

悬栅大样图

尺寸单位：mm
高程单位：m

图 7-2　悬栅-梯形墩综合式消力池布置

7.1.2　物理模型试验结果

在设计和校核流量下，分别对梯形墩消力池和悬栅-梯形墩消力池进行试验。

在设计和校核流量下，梯形墩消力池内水流流态见图 7-3。在设计流量下，消力池内水面波动较大，前部水深偏低，但翻滚、波动较大，偶尔溅起水花。中部由于受到梯形墩的阻水作用，水深明显增加，消力池内最大水面涌高达到23.73 m；在校核流量下，随着水流流量的加大，跃前断面后移，高速水流直接击打到梯形墩上，水流受到阻挡被挑射到空中，造成水花溅出池外，不能形成淹没水跃，消力池内流态紊乱。

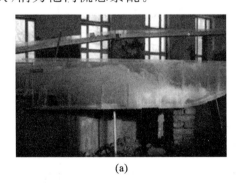
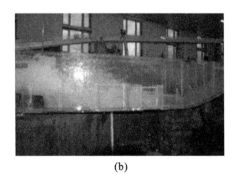

(a)　　　　　　　　　　　　　　　　(b)

图 7-3　不同流量下梯形墩消力池内水流流态

(a)设计流量 1351.97 m³/s；(b)校核流量 1767.16 m³/s

在设计和校核流量下，悬栅-梯形墩消力池内水流流态见图 7-4。在设计流量下，悬栅-梯形墩消力池内水面平稳，最大水深发生在尾坎桩号 0+698.496 m

处,其值为 21.125 m,较梯形墩消力池最大水深 23.73 m 下降 2.61 m。跃前断面处水面翻滚减弱,水面相对平稳。在校核流量下,水深较设计流量有所增大,最大水深发生在尾坎桩号 0+698.496 m 处,其值为 22.48 m。水流在池内形成淹没水跃,水流流态较梯形墩消力池有大幅度改善。

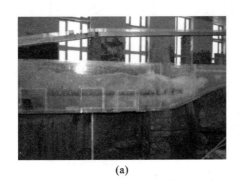 

(a)   (b)

图 7-4　不同流量下悬栅-梯形墩消力池内水流流态

(a)设计流量 1351.97 m³/s;(b)校核流量 1767.16 m³/s

7.1.3　悬栅高度合理性验证

为了避免在不同流量下,跃前断面水深刚好与悬栅同高或是稍高于悬栅,水流直接击打到悬栅上,造成水花飞溅问题。同时,避免在小流量情况下,水流直接从悬栅下流过,悬栅不起作用。在溢洪洞泄流量分别为 200 m³/s、400 m³/s、600 m³/s、800 m³/s、1000 m³/s 等条件下,对悬栅消力池悬栅安装高度的合理性进行验证。

试验结果表明,在各级流量下,悬栅消力池内都可以形成淹没水跃,悬栅都处于水面以下,没有产生水流直接拍打悬栅造成水花飞溅的现象。随着流量的增加,池内水深在不断增大,悬栅的消能及稳定水流的作用逐渐明显。

悬栅的置入,破坏了水跃的结构,增强了池内水流混掺、碰撞作用,使得在不改变消力池尺寸的前提下,解决了梯形墩消力池水面波动较大、水流溅出池外的问题,可见,悬栅对增强池内能量耗散、稳定水面效果显著。为了详细了解悬栅-梯形墩消力池内复杂水流流场,采用 FLUENT 流体力学计算软件,对悬栅-梯形墩辅助消能工联合作用下消力池内流场进行数值模拟。

7.1.4　数值模拟结果分析

7.1.4.1　计算网格划分及边界条件处理

利用流体力学软件 FLUENT 建立溢洪洞悬栅-梯形墩消力池三维数学模

型,模拟区域桩号范围:0+521.319 m~0+745.236 m。数学模型在网格划分时采用六面体结构化网格,网格单元数 76128 个。进口边界采用速度进口,其值通过实测流量换算成进口流速。出口边界设定为压力出口,其总压强为大气压强。上边界采用压力进口边界,其总压强为大气压强。湍流近壁区采用标准壁面函数进行处理,壁面采用无滑移条件。悬栅-梯形墩消力池计算区域三维数学模型见图 7-5,悬栅-梯形墩消力池计算区域网格划分见图 7-6。

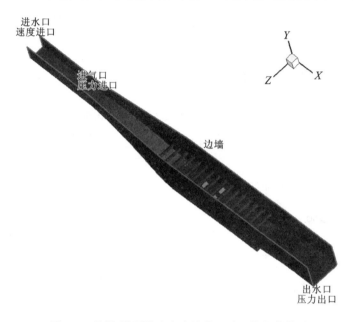

图 7-5　悬栅-梯形墩消力池计算区域三维数学模型

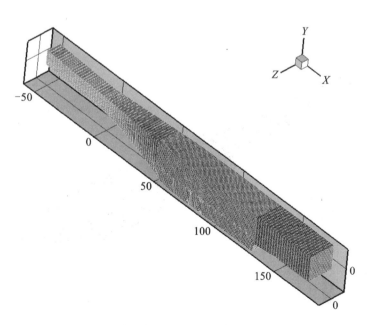

图 7-6　悬栅-梯形墩消力池计算区域网格划分

7.1.4.2 消力池内水深变化

通过提取消力池内水气两相分布图,得到了设计和校核流量下,消力池内水面线及各典型断面的水深。悬栅-梯形墩消力池内典型断面的水深计算值与模型实测值比较见表 7-1。计算结果表明,模型实测值与数值模拟计算值基本吻合,两者误差在±6%以内。在设计和校核流量下,消力池内水气两相体积分布图(即水面线变化)见图 7-7、图 7-8。各典型断面的水气两相分布见图 7-9～图 7-15。由图 7-7～图 7-15 可知,悬栅-梯形墩消力池内水流流态较梯形墩消力池有较大改善,水面波动较小,池内最大水深发生在桩号 0+698.496 m 处,即消力池尾坎处,消力池出口附近水流平顺。

表 7-1 不同工况下典型断面水深比较

桩号(m)	设计流量($Q=1508.14$ m³/s)			校核流量($Q=2540.34$ m³/s)		
	实测值(m)	计算值(m)	误差(%)	实测值(m)	计算值(m)	误差(%)
0+521.319	5.02	5.02	0.02	6.28	6.28	0.05
0+568.921	4.82	4.96	−2.86	5.90	6.17	−4.61
0+592.210	4.48	4.25	5.14	5.51	5.24	4.93
0+632.236	15.46	14.69	4.99	18.00	17.10	5.01
0+662.570	20.58	19.98	2.93	21.67	20.42	5.76
0+698.496	21.13	20.87	1.21	22.48	21.21	5.65
0+738.194	7.90	7.45	5.70	9.00	8.58	4.65

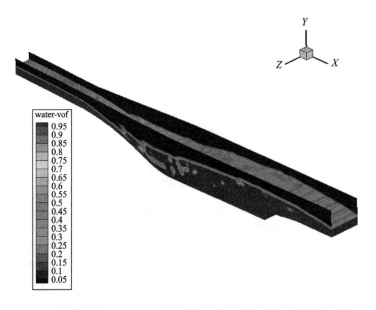

图 7-7 设计流量 1508.14 m³/s 下溢洪洞消力池水气两相体积分布

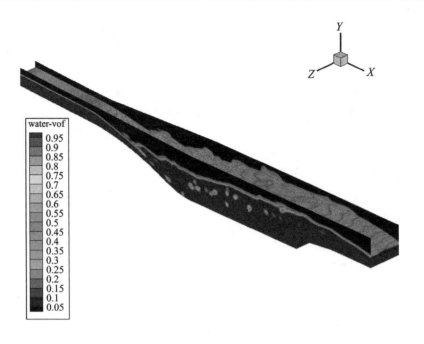

图 7-8 校核流量 2540.34 m³/s 下溢洪洞消力池水气两相体积分布

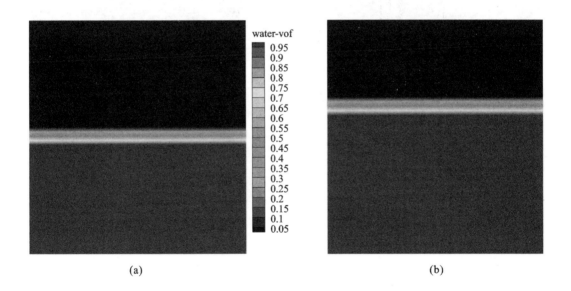

图 7-9 不同流量下溢洪洞消力池桩号 0+521.319 m 横断面水气两相分布

(a)设计流量(Q=1508.14 m³/s);(b)校核流量(Q=2540.34 m³/s)

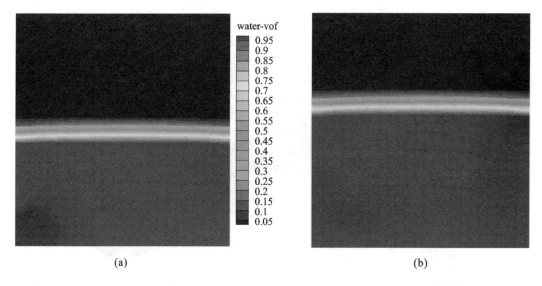

图 7-10　不同流量下溢洪洞消力池桩号 $0+568.921$ m 横断面水气两相分布

(a)设计流量($Q=1508.14$ m³/s);(b)校核流量($Q=2540.34$ m³/s)

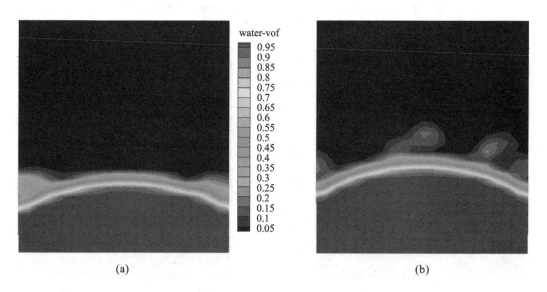

图 7-11　不同流量下溢洪洞消力池桩号 $0+592.210$ m 横断面水气两相分布

(a)设计流量($Q=1508.14$ m³/s);(b)校核流量($Q=2540.34$ m³/s)

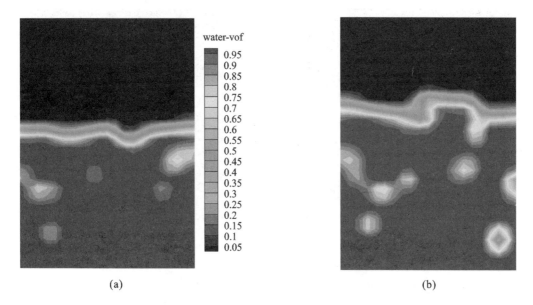

图 7-12 不同流量下溢洪洞消力池桩号 $0+632.236$ m 横断面水气两相分布

(a)设计流量($Q=1508.14$ m³/s);(b)校核流量($Q=2540.34$ m³/s)

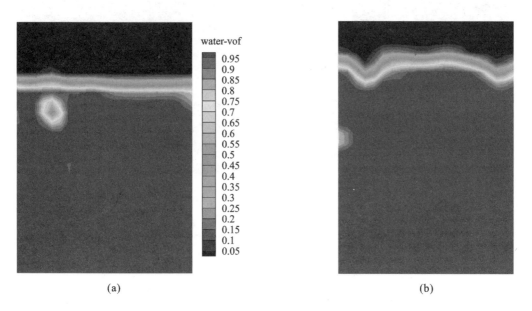

图 7-13 不同流量下溢洪洞消力池桩号 $0+698.496$ m 横断面水气两相分布

(a)设计流量($Q=1508.14$ m³/s);(b)校核流量($Q=2540.34$ m³/s)

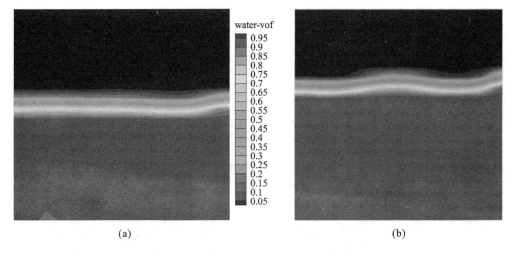

(a)   (b)

图 7-14 不同流量下溢洪洞消力池桩号 0+720.240 m 横断面水气两相分布

(a)设计流量($Q=1508.14 \text{ m}^3/\text{s}$);(b)校核流量($Q=2540.34 \text{ m}^3/\text{s}$)

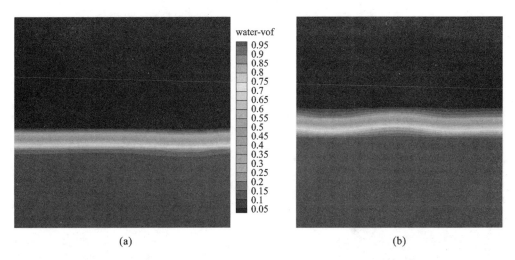

(a)   (b)

图 7-15 不同流量下溢洪洞消力池桩号 0+738.194 m 横断面水气两相分布

(a)设计流量($Q=1508.14 \text{ m}^3/\text{s}$);(b)校核流量($Q=2540.34 \text{ m}^3/\text{s}$)

7.1.4.3 消力池内流速分布

在设计和校核流量下,悬栅-梯形墩消力池内典型断面的平均流速计算值与模型实测值比较见表 7-2。计算结果表明,无论是在设计流量还是在校核流量下,断面平均流速实测值与计算值吻合较好,误差在±5%以内。在设计和校核流量下,各典型位置的流速分布分别见图 7-16、图 7-17。由图可知,为了加强水流的混掺消能作用,悬栅的间距至少为一个旋涡的长度,悬栅对梯形墩挑起的水流有一定削减抑制作用,导致水流在池内的能量得到消减,梯形墩后水流流速明显小于墩前流速,水流动能得到明显耗散。

表 7-2 不同工况下典型断面平均流速比较

桩号(m)	设计流量($Q=1508.14$ m³/s)			校核流量($Q=2540.34$ m³/s)		
	实测值(m/s)	计算值(m/s)	误差(%)	实测值(m/s)	计算值(m/s)	误差(%)
0+521.319	26.65	25.89	−2.85	29.60	29.40	−0.67
0+568.921	29.53	28.58	−3.19	31.53	30.00	−4.84
0+592.210	29.98	29.32	−2.20	31.92	30.89	−3.25
0+632.236	9.72	9.30	−4.25	9.95	9.61	−3.42
0+662.570	6.43	6.71	4.37	7.12	7.32	2.80
0+698.496	5.74	5.48	−4.46	6.58	6.78	3.12
0+738.194	9.58	10.06	5.01	10.59	11.04	4.22

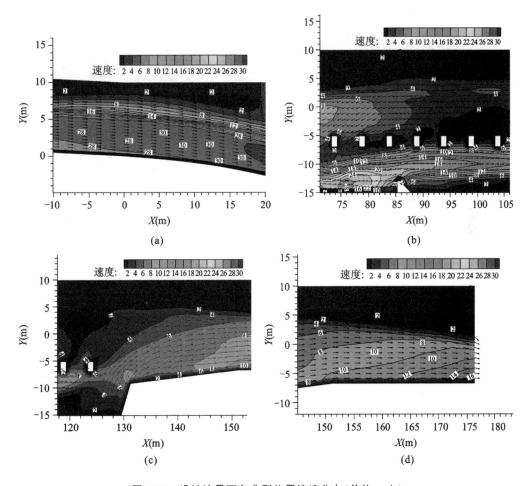

图 7-16 设计流量下各典型位置流速分布(单位:m/s)

(a)桩号 0+568.921 m 消力池进口段;(b)桩号 0+654.236 m 第 2 排梯形墩处;

(c)桩号 0+702.236 m 消力池反坡段;(d)桩号 0+738.194 m 消力池明渠段

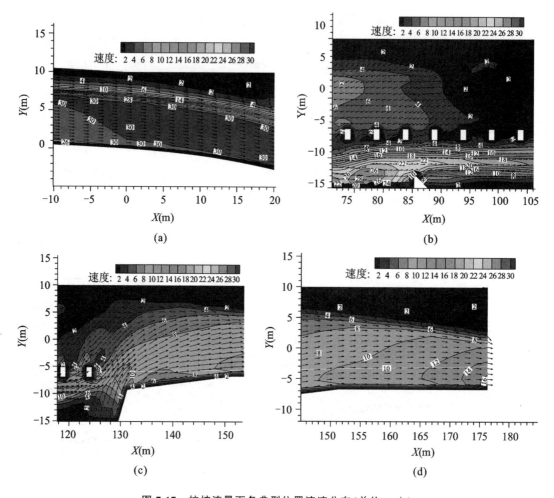

图 7-17　校核流量下各典型位置流速分布（单位：m/s）

(a)桩号 0＋568.921 m 消力池进口段；(b)桩号 0＋654.236 m 第 2 排梯形墩处；

(c)桩号 0＋702.236m 消力池反坡段；(d)桩号 0＋738.194 m 消力池明渠段

7.1.4.4　消力池内压强分布

通过数值模拟计算，可得到设计流量和校核流量下消力池内沿程压强分布。不同流量下各典型位置压强等值线分别见图 7-18、图 7-19。由图可知，在设计流量下，消力池内最大压强发生在桩号 0＋644.236 m 处（即第 1 排梯形墩的迎水面），其最大值为 462.37 kPa，负压出现在桩号 0＋644.236 m～0＋646.636 m 范围内（即消力池底部第 1 排梯形墩墩脚处），其最大值为 －42.63 kPa，其余各处均无负压出现。在校核流量下，消力池内最大压强发生在桩号 0＋644.236 m 处（即第 1 排梯形墩的迎水面），其最大值为 512.65 kPa（即压强 51.27 m），负压出现在桩号 0＋644.236 m～0＋646.636 m 范围内（即消力池底部第 1 排梯形墩墩脚处),其最大值为$-59.27\ \mathrm{kPa}$,其余各处均无负压出现。梯形墩与悬栅所受压强的大小,能够为其结构计算和设计提供参考。负压区范围的确定,弥补了物理模型试验因测点布置导致的误差,同时,也可为消力池设置合理的掺气减蚀措施提供参考。

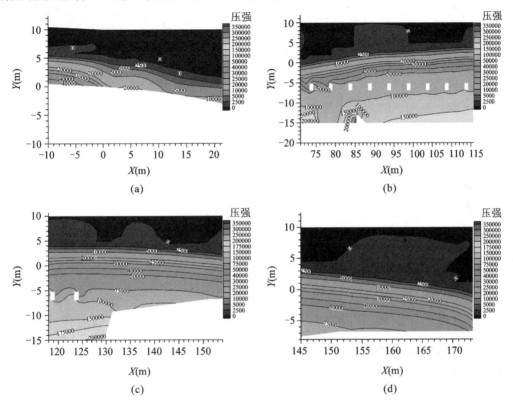

图 7-18　设计流量下各典型位置压强等值线

(a)桩号 0+568.921 m 消力池进口段;(b)桩号 0+654.236 m 第 2 排梯形墩处;

(c)桩号 0+702.236 m 消力池反坡段;(d)桩号 0+738.194 m 消力池明渠段

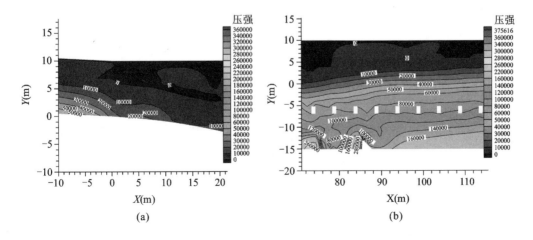

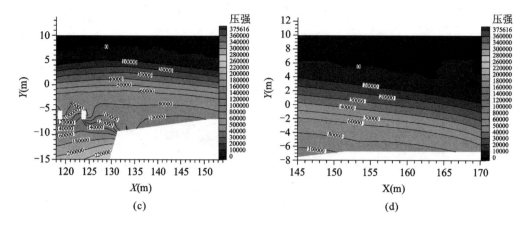

图 7-19　校核流量下各典型位置压强等值线

(a)桩号 0+568.921 m 消力池进口段;(b)桩号 0+654.236 m 第 2 排梯形墩处;

(c)桩号 0+702.236 m 消力池反坡段;(d)桩号 0+738.194 m 消力池明渠段

7.1.4.5　悬栅表面压强值

因消力池内水流为瞬态紊流,所以不同时刻悬栅上总压强值呈脉动变化。在数值模拟计算基础上,通过提取设计流量(1508.14 m³/s)和校核流量(2540.34 m³/s)条件下,悬栅消力池内 16 根悬栅迎水面最大压强、背水面最小压强、顶面最小压强、底面最大压强 4 个面上压强值,得到了消力池在流量平衡时,某一时刻每根悬栅所受总压强差的最大值,分别见表 7-3、表 7-4,可为悬栅结构计算和设计提供参考。

表 7-3　设计流量下悬栅总压强差最大值

栅条编号	设计流量(1508.14 m³/s)					
	栅条迎水面压强(kPa)	栅条背水面压强(kPa)	栅条迎水面与背水面最大压强差(kPa)	栅条底面压强(kPa)	栅条顶面压强(kPa)	栅条底面与顶面最大压强差(kPa)
1	130.40	47.44	82.96	496.95	34.77	462.18
2	61.33	50.47	10.85	514.41	34.37	480.04
3	62.20	52.81	9.39	518.92	34.32	484.60
4	89.71	29.26	60.46	100.28	29.26	71.02
5	136.30	29.35	106.94	126.50	29.35	97.15
6	33.28	135.00	101.72	135.00	33.28	101.72
7	194.31	44.50	149.81	205.83	44.50	161.33
8	207.99	52.52	155.47	208.97	52.52	156.45

栅条编号	设计流量(1508.14 m³/s)					
	栅条迎水面压强(kPa)	栅条背水面压强(kPa)	栅条迎水面与背水面最大压强差(kPa)	栅条底面压强(kPa)	栅条顶面压强(kPa)	栅条底面与顶面最大压强差(kPa)
9	209.25	61.44	147.81	210.05	61.44	148.61
10	198.72	67.91	130.81	201.53	67.91	133.62
11	196.37	71.66	124.72	212.57	71.66	140.91
12	197.26	68.60	128.66	221.53	68.60	152.93
13	213.54	69.47	144.06	223.76	69.47	154.29
14	229.87	70.91	158.96	239.86	70.91	168.95
15	235.26	71.34	163.92	256.31	71.34	184.98
16	228.94	69.13	159.80	235.50	69.13	166.36

表 7-4　校核工况下悬栅总压强差最大值

栅条编号	校核流量(2540.34 m³/s)					
	栅条迎水面压强(kPa)	栅条背水面压强(kPa)	栅条迎水面与背水面最大压强差(kPa)	栅条底面压强(kPa)	栅条顶面压强(kPa)	栅条底面与顶面最大压强差(kPa)
1	413.91	38.64	375.27	358.82	47.16	311.67
2	100.22	77.26	22.96	559.66	56.04	503.62
3	83.99	70.74	13.25	587.48	56.89	530.58
4	52.88	80.00	27.12	81.14	52.88	28.26
5	54.39	103.20	48.81	103.20	51.35	51.86
6	156.67	51.86	104.81	156.77	51.86	104.91
7	214.62	55.45	159.17	217.62	55.45	162.17
8	240.91	67.43	173.49	250.91	67.43	183.49
9	261.98	76.25	185.73	268.93	76.25	192.68
10	247.86	81.82	166.03	249.85	81.82	168.02
11	241.09	82.59	158.50	251.09	82.59	168.50
12	243.89	83.93	159.96	248.87	83.93	164.94
13	252.19	84.00	168.19	257.66	84.00	173.66
14	260.15	82.12	178.03	265.69	82.13	183.57
15	269.26	78.12	191.13	279.25	78.12	201.12
16	275.17	73.18	201.99	282.40	73.18	209.22

7.2 小石峡导流兼泄洪洞悬栅消能工应用

7.2.1 工程概况

小石峡水电站工程由大坝、表孔溢洪道、导流兼深孔泄洪洞、发电引水洞及岸边式电站厂房组成。根据地形条件和泄洪安全运用要求,采用表孔溢洪道、导流兼深孔泄洪洞组合泄洪。导流兼深孔泄洪洞施工期用于导流,运行期作为永久泄洪洞,且兼有排沙和放空水库的功能,它与发电引水洞一起布置在左岸,为有压洞。导流兼深孔泄洪洞设计流量为 740 m^3/s,校核流量为 783 m^3/s。进口引渠长 268.797 m,采用复式断面,与发电引水洞进口引渠联合布置。进口闸井底板高程为 1437.00 m,闸井顶部高程为 1483.30 m,事故门孔口尺寸为 7.0 m× 9.0 m,洞长为 222.886 m,纵坡 $i=0.0241$,采用圆形断面,内径为 7.0 m,混凝土衬砌厚度为 0.6 m。出口闸井底板高程为 1432.00 m,工作门孔口尺寸为 6.0 m× 5.5 m,采用弧形钢闸门。工作门闸井后接出口消能段,采用底流消能方式。消力池底板高程为 1422.50 m,池深 8.0 m,池宽 14 m,池长 89 m。

由于库水位较高,库水位的变化对导流洞进口及闸后消力池的水流流态和消能效果影响很大。因此,需通过水力学模型试验对设计方案进行验证,并根据试验结果来确定最终的消能方式及消能工尺寸。

7.2.2 原方案试验

原方案消力池布置见图 7-20。试验表明,当库水位为设计洪水位 1480.00 m,导流兼泄洪洞通过流量为 777.85 m^3/s 时,由于消力池内水跃为淹没水跃,跃前断面发生在陡坡段 0+ 278.64 断面。陡坡段最大水深为 9.22 m,水位为 1433.82 m,低于边墙顶高程 1440.50 m。但由于水跃旋滚区与闸后射流相叠加,陡坡段水流脉动剧烈,强烈紊动产生的压力脉动可能诱发护坦的振动和破坏,并使结构产生随机振动。水流剧烈紊动使水花溅起,跃出边墙,如图 7-21 所示。当库水位降低或闸门局部开启流量较小时,这种现象越发明显。闸孔出流流速随之减小,下泄水流动能减小,不能平衡下游水深的阻滞作用,使消力池内的淹没式水跃跃前断面位置随着库水位的降低不断向上游移动,即向闸井靠近,随着淹没度的增大,闸门可能被淹没,此种水流流态对闸门的结构和启闭是不利的。

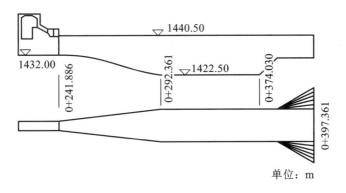

单位：m

图 7-20 原方案导流兼深孔泄洪洞消力池结构布置

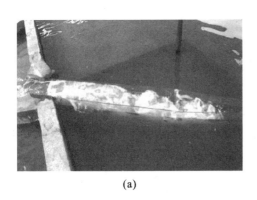
(a)

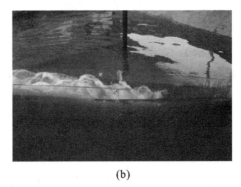
(b)

图 7-21 导流兼泄洪洞宣泄设计洪水时明流段流态

(a)原方案校核洪水位；(b)原方案设计洪水位

实测校核洪水位和设计洪水位下，导流兼泄洪洞泄洪时消力池内水流翻腾滚动情况，在消力池出口至下游河道产生周期性的涌浪，涌浪高度随库水位的升高而增大。由试验测得，库水位为校核洪水位和设计洪水位时池内最大水深分别为 19.20 m 和 18.97 m，发生在断面 0+339.030 m 和 0+350.690 m 处，水位分别为 1441.70 m 和 1441.47 m，均高于边墙顶高程 1440.50 m，如图 7-22、图 7-23 所示。

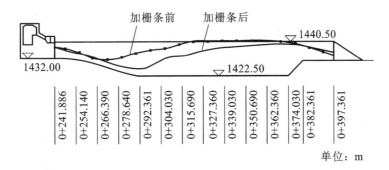

单位：m

图 7-22 方案修改前后设计洪水水面线对比

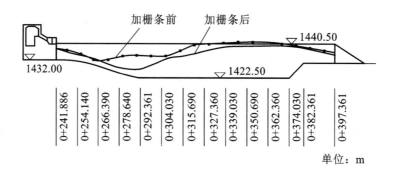

加栅条前　加栅条后

1440.50

1432.00

1422.50

0+241.886
0+254.140
0+266.390
0+278.640
0+292.361
0+304.030
0+315.690
0+327.360
0+339.030
0+350.690
0+362.360
0+374.030
0+382.361
0+397.361

单位：m

图 7-23　方案修改前后校核洪水水面线对比

7.2.3　修改方案试验

原设计方案试验结果表明，无论库水位高低，导流兼泄洪洞闸后陡坡段水流脉动都很剧烈。消力池段通过设计洪水位和校核洪水位时，水流翻腾滚动剧烈，形成涌浪跃出边墙。为了削弱陡坡段和消力池内水流的剧烈脉动，稳定水流，且同时考虑到发电引水洞"门前清"的要求，即导流兼泄洪洞除了宣泄洪水外还兼顾着排沙任务，为避免泥沙进入发电引水洞，保证导流洞排沙顺畅，决定采用悬栅式消能工对消力池进行优化。

通过多组次、不同栅高和不同栅距的悬栅消力池泄水试验，发现按照传统的布置方式，即将悬栅栅条按同一安装高度布置，虽对改善消力池内水流流态有显著作用，但是闸后仍然发生淹没度较大的淹没式水跃，陡坡段水流剧烈脉动现象基本没有得到改善。同时，如果悬栅沿水流方向长度较短或放置于水跃末端，将起不到平稳池内水流的作用。

经优化试验，将悬栅的起始端设置于闸后陡坡段末端，悬栅总长为 35.18 m，在水跃旋滚区栅条的密度稍大些，跃后区栅条的密度稍小些，其具体形式及结构尺寸见图 7-24。水跃区栅条安装高度距消力池底板 7.12 m，随着水跃跃高变化，安装高度逐渐增至 8.83 m。悬栅宽度与池宽相同，断面形状为矩形，尺寸为 1.75 m×1.05 m。

在设计洪水位和校核洪水位条件下，闸门全开时进行试验，布置悬栅前后不同工况下导流洞明流段水面线对比见图 7-22、图 7-23。从图中可以看出，布置悬栅后闸后水面线明显低于布置悬栅前，陡坡段和消力池内水流脉动减小（图 7-25）。布置悬栅后，在设计洪水流量为 777.85 m³/s 和校核洪水流量为 794.48 m³/s 时，陡坡段最大水深由布置悬栅前的 9.22 m 和 7.93 m 分别降低

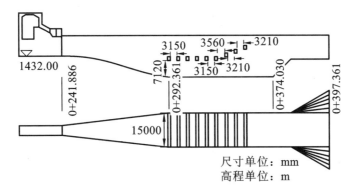

图 7-24　优化后消力池结构

至 6.03 m 和 5.73 m;消力池段最大水深由布置悬栅前的 18.97 m 和 19.20 m 分别降低至17.62 m 和 17.74 m,均小于设计边墙高度 18.00 m。由图 7-25 可以看出,无论库水位高低,布置台阶式悬栅后,水跃跃前断面位置均从原方案陡坡段 0+270.780 m 断面处移至 0+ 283.610 m 断面处。布置台阶式悬栅使水跃上部回流运动阻力增大,水跃上部回流旋滚区的回流流量减小,跃后水深降低,水跃跃前断面向下游移动,形成淹没式水跃。同时,悬栅起到了破碎水跃上部剧烈回旋运动的表面旋滚的作用,增大了回流区水流阻力,使陡坡段和消力池内水流脉动强度明显减弱,浪花溅起高度明显小于布置悬栅前。

(a)　　　　　　　　　　　　(b)

图 7-25　方案修改后消力池内流态

(a)侧视;(b)俯视

7.2.4　方案修改前后消力池的消能率

以设计洪水位 1 480.00 m 和校核洪水位 1481.65 m 情况为例,计算消力池布置悬栅前后的消能率,计算结果见表 7-5。结果表明,布置悬栅后消能率略有增加,但总体而言,布置悬栅前后消力池的消能率变化不大。

表 7-5　方案修改前后消力池的消能率

运行工况	泄流量(m³/s)	消能率(%)	
		原方案	修改方案
设计洪水、闸门全开	777.85	53.7	54.1
校核洪水、闸门全开	794.48	55.7	56.8

小石峡导流兼泄洪洞悬栅消能工应用原设计方案进行试验,结果表明,无论流量大小,导流兼泄洪洞闸后陡坡段水流脉动都很剧烈,水流跃出边墙,消力池内水流脉动剧烈。为了防止护坦段在较大的动水荷载下发生振动和破坏,本节采用了不同于传统悬栅布置方式(即栅条安装高度相同)的台阶式布置方式,即在消力池水跃回流旋滚区采用了台阶式的悬栅布置方式,消力池上游部分栅条安装高度相同,下游栅条安装高度随水跃的发展逐渐增大。试验表明,台阶式布置悬栅可有效地降低消力池内水深,使陡坡段和消力池内水流脉动明显减弱,浪花溅起高度明显小于布置悬栅前。但是台阶式悬栅的布置形式对消力池消能率的影响很小。此类布置方式可为其他同类工程提供参考。

7.3　奎屯泄水陡坡悬栅消能工应用

7.3.1　工程概况

奎屯河三级水电站是奎屯河流域梯级开发的第三级水电站,北距奎屯市约 35 km,西距乌苏市约 28 km。水电站为径流式水电站,采用引水式开发,主要由取水口、引水暗渠、沉沙池、隧洞、前池、压力管道、发电厂房、升压站、尾水渠等组成。泄水陡坡全长 965.353 m(桩号 0+000～0+965.353 m,水平距离),其中控制段由弯段和直段组成,长 130 m,为平坡;泄槽段长 630 m,纵坡坡度 1:4.5,断面尺寸为 6 m×3 m(宽×高);泄槽末端连接消力池,池长 40 m,断面尺寸为 12 m×7.2 m(宽×高);消力池末端与海漫段连接,海漫段长 165.353 m,宽 6 m。

7.3.2 原设计方案存在的问题

首先进行原设计方案的验证试验,原设计方案模型布置图如图 7-26 所示。在试验过程中发现,泄水陡坡段运行过程中,当流量较小时,泄槽段水流出现剧烈的滚波。随着流量增大,滚波现象剧烈程度有所减小,但当流量达到设计流量 50 m³/s 时泄槽内仍存在滚波。滚波的发生,使泄槽中的水流由恒定流变为非恒定流,波的聚叠作用使泄槽中局部水深超过恒定流情况下计算出的掺气水深。泄槽越长则末端的波浪聚叠作用越强,造成消力池承受不稳定的周期性冲击,池内浪花溅出边墙,池底及池壁不断承受脉动荷载,严重影响消能设施的安全。试验结果表明,无论小流量、大流量,泄槽内都存在滚波现象,并且消力池内水流流态紊乱,不断有水流跃出池外。消力池原设计方案不能满足宣泄设计流量要求。针对以上问题,对模型结构进行优化调整。

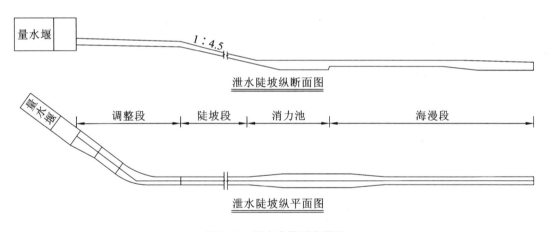

图 7-26 原方案模型布置图

7.3.3 结构优化试验

对消力池结构进行优化,将第一级消力池长度由 30 m 改为 21 m,消力池底高程抬高 2.65 m,消力池宽由 4 m 改为 8 m,消力池后接调整段,调整段由 18 m 长的渐变段及 40 m 长的直段构成。第一级和第二级泄槽结构尺寸不变,第三级泄槽坡度不变,水平长度缩短 30 m。第一级和第三级泄槽段分别加设了两个掺气槽。第二级消力池前渐变段由 60 m 增加到 86 m,第二级消力池长度由 40 m 改为 32 m,池宽由 8 m 改为 10 m,消力池末端与 30 m 渐变段相连接。优化方案模型布置图见图 7-27。

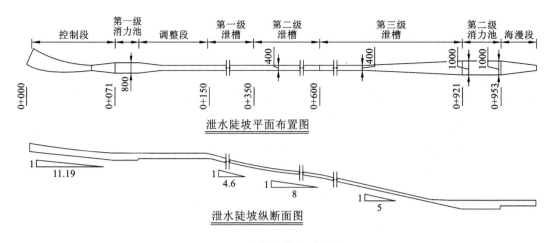

图 7-27　优化方案模型布置图

7.3.4　水深

试验结果表明,当泄流量达到 50 m³/s 时,第一级消力池内最大水深为 5 m,小于边墙设计高度 5.6 m。泄槽内最大水深为 1.45 m,发生在 0+160 m 断面处,小于边墙设计高度。第二级消力池内最大水深为 6.21 m,小于边墙设计高度 6.5 m。因此,设计尺寸基本满足过流要求。

7.3.5　流速分布

试验分别测定了泄水陡坡在流量为 30 m³/s、50 m³/s 时各典型断面的水深及流速,水面线示意图见图 7-28、图 7-29,相关数据见表 7-6、表 7-7。试验表明,各流量下最大流速的位置发生在第三级泄槽 0+720 m 断面处,最大流速为 20.31 m/s,对应的流量为 50 m³/s。

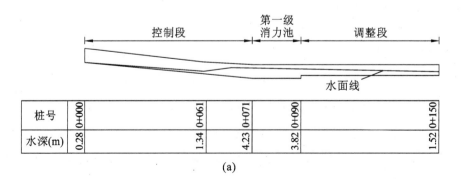

桩号	0+000		0+061	0+071	0+090		0+150
水深(m)	0.28		1.34	4.23	3.82		1.52

(a)

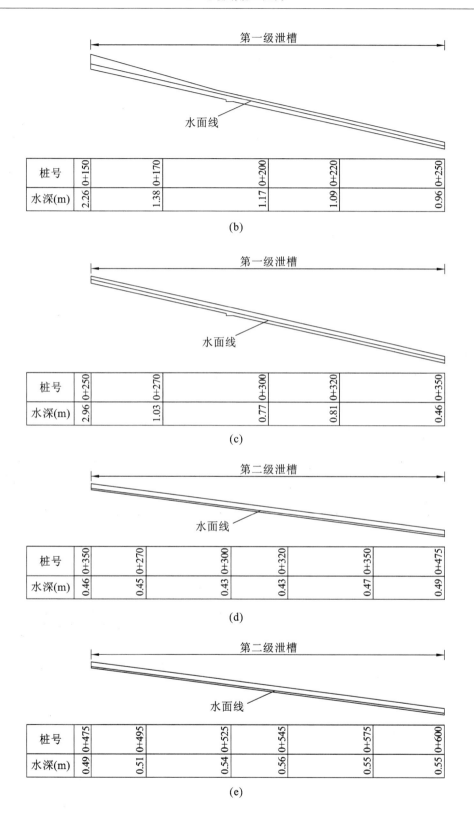

第一级泄槽

水面线

桩号	0+150	0+170	0+200	0+220	0+250
水深(m)	2.26	1.38	1.17	1.09	0.96

(b)

第一级泄槽

水面线

桩号	0+250	0+270	0+300	0+320	0+350
水深(m)	2.96	1.03	0.77	0.81	0.46

(c)

第二级泄槽

水面线

桩号	0+350	0+270	0+300	0+320	0+350	0+475
水深(m)	0.46	0.45	0.43	0.43	0.47	0.49

(d)

第二级泄槽

水面线

桩号	0+475	0+495	0+525	0+545	0+575	0+600
水深(m)	0.49	0.51	0.54	0.56	0.55	0.55

(e)

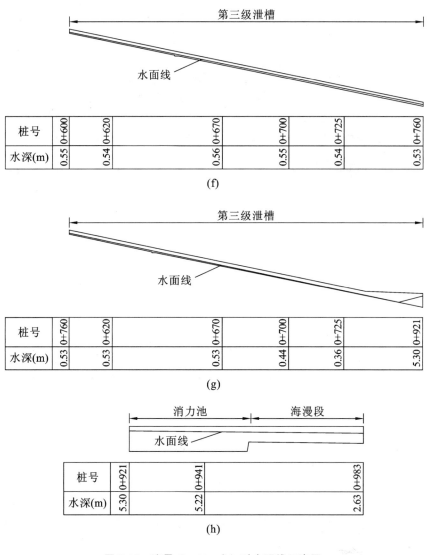

桩号	0+600	0+620		0+670	0+700	0+725	0+760
水深(m)	0.55	0.54		0.56	0.55	0.54	0.53

(f)

桩号	0+760	0+620		0+670	0+700	0+725	0+921
水深(m)	0.53	0.53		0.53	0.44	0.36	5.30

(g)

桩号	0+921	0+941	0+983
水深(m)	5.30	5.22	2.63

(h)

图 7-28 流量 $Q=30$ m³/s 时水面线示意图

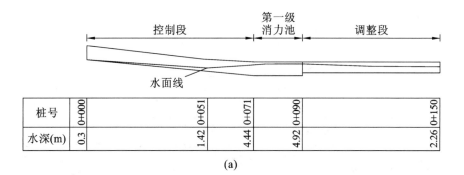

桩号	0+000	0+051	0+071	0+090	0+150
水深(m)	0.3	1.42	4.44	4.92	2.26

(a)

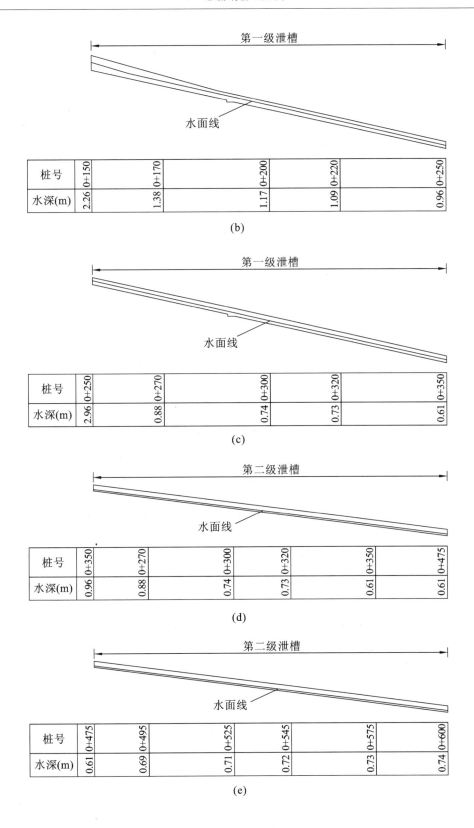

第一级泄槽

水面线

桩号	0+150	0+170	0+200	0+220	0+250
水深(m)	2.26	1.38	1.17	1.09	0.96

(b)

第一级泄槽

水面线

桩号	0+250	0+270	0+300	0+320	0+350
水深(m)	2.96	0.88	0.74	0.73	0.61

(c)

第二级泄槽

水面线

桩号	0+350	0+270	0+300	0+320	0+350	0+475
水深(m)	0.96	0.88	0.74	0.73	0.61	0.61

(d)

第二级泄槽

水面线

桩号	0+475	0+495	0+525	0+545	0+575	0+600
水深(m)	0.61	0.69	0.71	0.72	0.73	0.74

(e)

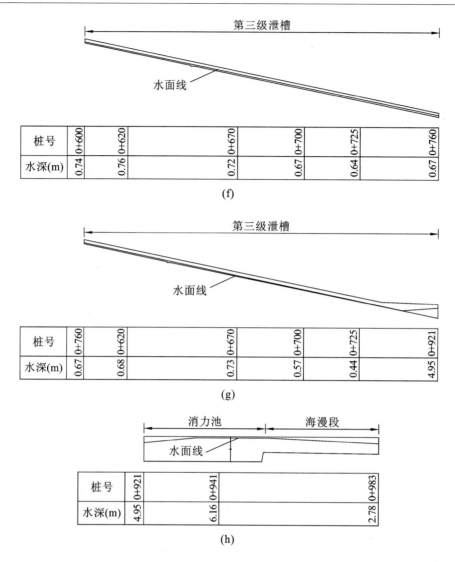

图 7-29 流量 $Q=50$ m³/s 时水面线示意图

表 7-6 流量 $Q=30$ m³/s 各典型断面流速

断面位置(m)	模型流速(cm/s)	原型流速(m/s)	断面位置(m)	模型流速(cm/s)	原型流速(m/s)
0+000	93.99	5.94	0+360	290.51	18.36
0+050	150.95	9.54	0+480	228.96	14.47
0+062	14.08	0.89	0+590	232.28	14.68
0+092	17.09	1.08	0+610	241.93	15.29
0+110	61.08	3.86	0+720	273.42	17.28
0+150	82.44	5.21	0+830	283.39	17.91
0+160	96.04	6.07	0+910	219.78	13.89
0+260	281.33	17.78	0+920	19.78	1.25
0+350	282.91	17.88	0+953	22.15	1.4

表 7-7　流量 $Q=50\ \mathrm{m^3/s}$ 各典型断面流速

断面位置(m)	模型流速(cm/s)	原型流速(m/s)	断面位置(m)	模型流速(cm/s)	原型流速(m/s)
0+000	137.97	8.72	0+360	280.22	17.71
0+051.46	150.95	9.54	0+480	291.93	18.45
0+079	14.08	0.89	0+590	203.01	12.83
0+092	14.08	0.89	0+610	173.89	10.99
0+110	65.66	4.15	0+720	321.36	20.31
0+150	86.39	5.46	0+830	303.8	19.2
0+160	102.06	6.45	0+905	303.48	19.18
0+260	306.96	19.4	0+935	14.08	0.89
0+350	276.74	17.49	0+953	37.03	2

7.3.6　流态观测及分析

试验观测结果表明,控制弯段的边界条件使得水流在弯段前方出现折冲水流,并在右岸发生壅水,但水深远小于设计边墙高度。水流自调整段进入第一级消力池,水跃发生在消力池前渐变段上,见图 7-30、图 7-31。消力池及其后调整段内的水流流态较稳定,陡坡段水流平顺,无滚波现象发生,水深远小于设计边墙高度,流态见图 7-32、图 7-33。泄槽水流进入第二级消力池后,可以观察到水跃发生在消力池内,此水跃为稍有淹没的淹没式水跃,水面有涌浪,但整体水面较稳定,没有发生水跃翻出池外的现象(图 7-34、图 7-35),这表明消力池的设计池深和池长是合适的。

图 7-30　一级消力池前陡坡段 $Q=30\ \mathrm{m^3/s}$ 时水流流态

图 7-31　一级消力池前陡坡段 $Q=50\ \mathrm{m^3/s}$ 时水流流态

图 7-32　一级消力池及调整段 $Q=30\ \mathrm{m^3/s}$ 时水流流态

图 7-33　一级消力池及调整段 $Q=50\ \mathrm{m^3/s}$ 时水流流态

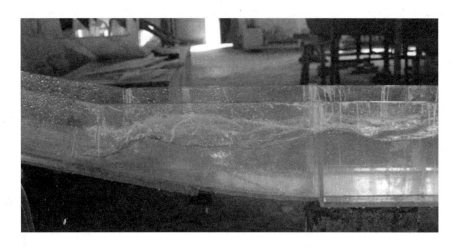

图 7-34 二级消力池及调整段 $Q=30 \text{ m}^3/\text{s}$ 时水流流态

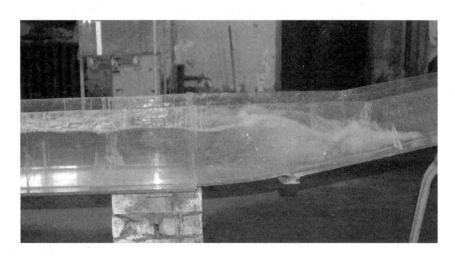

图 7-35 二级消力池及调整段 $Q=50 \text{ m}^3/\text{s}$ 时水流流态

7.4 本章小结

（1）通过对五一水库溢洪洞消力池进行物理模型试验和数值模拟,对消力池结构进行了优化,并得出以下结论：

① 在设计流量和校核流量下进行泄洪时,溢洪洞梯形墩消力池不能满足泄洪消能的要求,即单独设置辅助消能工——梯形墩既不能改变消力池流态,也不能降低跃后水深。

② 在不改变消力池尺寸的前提下,首次将悬栅和梯形墩两种辅助消能工联合运用组成综合式消力池,通过在不同流量下,对悬栅高度合理性进行试验

验证,得到悬栅最佳设置高度应与消力池池深相同的结论。悬栅的置入,使消力池内水流流态得到明显改善,水面平稳,波动较小,解决了在单独设置梯形墩的情况下,水流溢出池外,不能形成淹没水跃的问题。同时避免了因增加消力池深度、长度、边墙高度导致工程投资增大的问题。

③ 利用流体力学计算软件 FLUENT,得到悬栅-梯形墩消力池内详细的流场,如池内流速分布、压强分布、池内水面线变化及典型断面的水深等,计算结果表明:悬栅的间距至少为一个旋涡的长度。悬栅-梯形墩消力池内最大压强位置和负压区范围的确定,为辅助消能工结构设计计算和设置合理掺气减蚀措施提供了参考。

④ 在溢洪洞消力池内设置悬栅-梯形墩辅助消能工,使消力池池长由原设计方案 83 m 缩短至 70 m,消力池池长缩短了 15.66%,从而节省了工程项目投资。

(2) 试验表明,台阶式布置悬栅起到了破碎水跃上部剧烈回旋运动的表面旋滚的作用,增大了回流的阻力,从而使水跃向下游移动,由淹没式水跃转化成稍有淹没水跃;在悬栅作用下,陡坡段和消力池内水流脉动明显减弱,浪花溅起高度明显小于加悬栅前的高度,这种悬栅布置方式可为其他同类工程提供参考。

(3) 由于陡坡末端的流速比较高,因而第二级消力池中的水流流态很不稳定,涌浪较大,时有水流翻出池外。为进一步降低泄槽流速,在第三段泄槽内安装消能悬栅,滚波现象消失,泄槽末端流速减小,加栅使得末端消力池流态较之前平缓,整体流速降低,但水深整体增加。试验表明,悬栅对于陡槽内滚波的消除以及第二级消力池水流流态的平稳起到了明显的作用,随后的第二级消力池中形成稍有淹没的淹没水跃,水面较稳定,说明经过多次修改之后的方案能够有效改善调整段和消力池内流态,各方面均达到了平顺水流的要求,无论是泄槽还是消力池均能达到设计预期要求。

8 结论与展望

8.1 结论

在水利工程中,由于地形、地质条件的限制,消力池底部不宜修建梯形墩、趾墩等辅助消能工,而传统单一消力池消能效果又达不到泄水建筑物要求。若水流中夹杂大颗粒推移质泥沙,消力池内修建的梯形墩、趾墩等辅助消能工会影响排沙,也会造成卵石等的堆积,这些问题都可以通过在消力池内加设悬栅消能工得到很好解决。悬栅消能工是一种有广阔应用前景的新型消能工,适用于山区水利工程,我国西部地区多山,所以对西部开发具有重要意义。在消力池内悬栅消能工布置形式及消能机理等方面,国内开展的物理模型试验和数值模拟研究并不多,因而悬栅消能工的研究领域比较广阔。悬栅消能工虽然结构简单,但悬栅周围水流流态却非常复杂,其消力池内悬栅最佳布置形式和设计依据等都有待于深入研究和探明。

运用投影寻踪回归 PPR 技术对试验数据进行建模仿真,应用数值模拟技术对悬栅消能工进行数值模拟结合模型试验,得到结论如下:

(1)新疆多沙河流中多夹杂不均匀泥沙颗粒,对于有排沙功能要求的消力池及消力池底部不宜修建辅助消能工的水利工程而言,在泄水建筑物末端消力池内不宜修建梯形墩、趾墩、消力墩等辅助消能工,消力池内悬空布置悬栅是一种很好的解决途径,既能有效避开泥沙冲刷又不影响排沙功能,既能起到辅助消能工的作用又能稳定消力池内水流流态,有效改善水流条件,最大程度的消减池内最大水深。

(2)消力池内布置矩形悬栅对消减池内最大水深和稳定水流流态均有显著作用,消力池内最大水深相对值 h_m/B 影响因子排序为 $Q/B > n_s > b_s/B > h_s/B$,这也与绝对值条件下最大水深影响因子排序保持一致;池内布置矩形悬栅后最大水深消减幅度最高可达 15.84%,矩形悬栅设置高度 h_s 在 $(0.58 \sim 0.65)B$ 之间,悬栅间距 b_s 在 $(0.20 \sim 0.25)B$ 之间,栅条数量 n_s 取 16~20 根为宜,在此区域内消力池最大水深和消能率均能达到较优值。

（3）对于消力池内双层悬栅布置形式，在相同栅条数量下布置双层悬栅，消力池内流态更加稳定，水面起伏不大；且双层悬栅可以在悬栅数量较少的情况下使池内水流平稳。分别令悬栅层距、栅距以及栅条数量与消力池池深的比值为 m_1、m_2、m_3，其中 m_1 取 0.2、0.3、0.4、0.5、0.6，m_2 取 0.6、0.8、1.0、1.2、1.4，m_3 取 0.7、0.9、1.1、1.3、1.5 进行模型试验，得到当 $m_1=0.4$、$m_2=1.2$、$m_3=1.1$ 时，消能效果最优，为悬栅最优布置形式。

（4）在消力池内设置双层悬栅时，提取其迎水面和背水面的时均压强，对比分析时均压强分布可知，消力池内第 1 根悬栅以及下层悬栅受到时均压强差较大，在进行消力池结构稳定性设计时，不仅要增加护坦的抗压强度，同时也要增加消力池内第 1 根悬栅以及下层悬栅的抗压强度。

8.2 展望

在消力池内进行单层悬栅布置形式设计时，需要选择合适的悬栅体型、高度和间距以及悬栅数量，悬栅布置形式排列和组合方式具有多样性，本书中悬栅布置形式排列组合并没有考虑所有可能方式，具有一定局限性，因此悬栅布置形式对消能效果的研究还有很多需要考虑和探讨的因素。

在消力池内布置双层悬栅，其布置形式变换较多，双层悬栅层距、栅距、栅条数量等因素对消能效果均有影响，本书对双层悬栅布置方案设计并不是很全面，所得成果推广性有限，因此双层悬栅布置形式对消能效果的影响研究有待进一步研讨。

在 PIV 试验中，由于粒子对的不匹配，测得的速度向量场也可能出现伪向量，在这种情况下，测量的精度和可靠性就降低了。PIV 仪器图像的分析速度与流场的测量精度相互制约，必须不断调节试验环境及仪器参数，以求达到最佳的观测结果。

由试验观测可知，旋涡耗散效果不受栅条、流量的影响，只受到悬栅栅高、栅距等因素影响，与前人的试验结果基本一致，在后续的消能机理研究中，值得去探讨分析。

参 考 文 献

[1] 郑满军,林太举.向家坝水电站综合效益和关键技术[J].水力发电,2014,40(1):1-3.

[2] 刘沛清,冬俊瑞.消力池及辅助消能工设计的探讨[J].水利学报,1996(6):48-56.

[3] 王丽杰,杨文俊,常银兵,等.宽尾墩-跌坎型底流联合消能工水力特性试验研究[J].南水北调与水利科技,2013,11(2):37-40.

[4] 金瑾,郑铁刚.跌扩型底流消能水力特性的数值模拟研究[J].石河子大学学报(自然科学版),2013,31(1):109-113.

[5] 黄国兵,谢世平,段文刚.高坝泄洪挑流消能工优化研究与应用[J].长江科学院院报,2001,28(10):90-93.

[6] 付波,黄智敏,何小惠.新疆某水电站泄洪洞挑流消能试验研究[J].广东水利水电,2014(10):14-17.

[7] 张术彬,常俊德,田振华.五道库水电站溢流坝挑流鼻坎优化试验[J].东北农业大学学报,2014,45(6):122-128.

[8] 余子丹.中低水头宽尾墩联合消能工的应用与认识[J].水利水电科技进展,2009,29(2):36-39.

[9] 张春财,杜宇.低水头泄水建筑物消能防冲研究[J].长沙理工大学学报(自然科学版),2008,5(2):48-52.

[10] 杨康,刘韩生,尹进步,等.宽尾墩后消力池底板脉动压强特性试验研究[J].水电能源科学,2012,30(10):91-93.

[11] 张宗孝,郭雷,谭立新.消能井内消能工直径优化试验[J].水利水电科技进展,2008,28(5):54-57.

[12] 孙双科,徐体兵,孙高升,等.导流洞改建为跌流式竖井溢洪道的试验研究[J].水利水电科技进展,2009,29(6):5-8.

[13] 李贵吉,张建民,许唯临,等.高水头水电站"三洞合一"布置的体型优化试验[J].水利水电科技进展,2009,29(5):54-60.

[14] 黄秋君,吴建华.收缩式消能工的研究现状及进展[J].河海大学学报(自然科学版),2008,36(2):219-223.

[15] 王承恩,张建民,李贵吉.阶梯溢洪道的研究现状及展望[J].水利水电科技进展,2008,28(6):89-94.

[16] 彭勇,张建民,许唯临,等.前置掺气坎式阶梯溢洪道体型布置优化试验研究[J].四川

大学学报(工程科学版),2008,40(3):37-42.

[17] 彭勇,张建民,许唯临,等.前置掺气坎式阶梯溢洪道掺气水深及消能率计算[J].水科学进展,2009,20(1):63-68.

[18] ⅡР赫洛彭科夫.下泄水流强化消能新原则[J].水利水电快报,1991(5):2-6.

[19] 周有忠.目谷水库逆流式消能工的消能效果(译文)[J].东北水利水电,1988(6):28,46-48.

[20] 张开泉,刘焕芳.急流渠道的水流衔接及消能[J].水利水电技术,1994(9):45-47.

[21] 曾敏.齿墩状内消能工的水力特性物理模型试验[D].太原:太原理工大学,2014.

[22] 杨忠超,邓军,张建民,等.多股水平淹没射流水垫塘流场数值模拟[J].水力发电学报,2004,23(5):69-73.

[23] 李艳玲.多股多层水平淹没射流的消能研究[D].成都:四川大学,2004.

[24] 黄秋君,冯树荣,李延农,等.多股多层水平淹没射流消能工水力特性试验研究[J].水动力学研究与进展,2008,23(6):694-701.

[25] 茹治敏.宽尾墩—消力池水动力特性研究[D].天津:天津大学,2008.

[26] 刘锦,孙宇飞.宽尾墩的工程应用与发展浅析[J].西北水电,2013(4):20-23.

[27] 张挺,伍超,卢红,等.X型宽尾墩与阶梯溢流坝联合消能的三维流场数值模拟[J].水利学报,2004(8):15-20.

[28] 潘艳华,韩连超,王革,等.宽尾墩T形墩消力池联合消能的计算方法[J].吉林水利,1999(1):28-31.

[29] 石教豪,韩继斌,姜治兵,等.台阶坝面消能水气两相流数值模拟[J].长江科学院院报,2009,26(7):17-20,39.

[30] 田忠,许唯临,余挺,等."V"形台阶溢洪道的消能特性[J].四川大学学报(工程科学版),2010,42(2):21-25.

[31] 姜华,陈永清.台阶式消能工在金平水电站的应用[J].水电与新能源,2014(3):17-19.

[32] 孙双科,柳海涛,夏庆福,等.跌坎型底流消力池的水力特性与优化研究[J].水利学报,2005,36(10):1188-1193.

[33] 袁晓龙,刁明军,代尚逸,等.不同入水仰角对底流跌坎型消力池水力特性影响试验研究[J].西南民族大学学报(自然科学版),2013,39(3):396-400.

[34] 张强,张建蓉,周禹.跌坎式底流消能工水流特性分析[J].南水北调与水利科技,2008,6(3):74-75,96.

[35] 王海军,张强,唐涛.跌坎式底流消能工的消能机理与水力计算[J].水利水电技术,2008,39(4):46-52.

[36] 李继聪,王丽杰.跌坎底流消能工在高坝泄洪消能中的实验研究[J].水科学与工程技术,2012(6):66-68.

[37] 何飞,涂兴怀.辅助消能工在小型水电工程中的应用[J].甘肃水利水电技术 2009,45(5):22-23.

[38] 梁跃平,刘海凌,梁国亭.辅助消能工应用于低佛氏数水流消能的试验研究[J].华北水利水电学院学报,2000,21(1):13-15.

[39] 花立峰.辅助消能工的水力特性及在闸下低佛氏数水跃消能中的应用[J].水利水电工程设计,2009,28(1):42-44.

[40] 秦玲.辅助消能工的水力特性及其在低佛氏数水跃消能中的应用[J].甘肃农业,2005,232(11):215.

[41] 唐文超,程观富,陈胖胖,等.低水头条件下常用底流消力池的对比研究[J].合肥工业大学学报(自然科学版),2011,34(3):408-411.

[42] 史志鹏,张根广,何婷.低水头辅助消能工水力特性数值模拟计算研究[J].水电能源科学,2011,29(6):106-108.

[43] 李梦成,童海鸿.低佛氏数底流消能辅助消能工模型试验分析[J].人民黄河,2011,33(9):144-146.

[44] 张晓莉,杨晓池.T型宽尾墩+消力戽(池)联合消能工试验研究[J].西北水电,2009(3):7-12.

[45] 王海龙,孙桂凯,徐伟章.低坎分流墩用于低佛氏水流消能的试验研究[J].红水河,2003,22(2):37-41.

[46] 艾克明,刘昭然,宋向宁.T形墩消力池的水力设计[J].湖南水利,1997(1):8-11.

[47] 江锋,王飞虎,马长富.低佛氏数T形墩消力池水力特性试验研究[J].陕西水力发电,1995,11(1):35-41.

[48] 游文荪,李效文.T型墩在廖坊水利工程消能中的应用[J].江西水利科技,2000,26(4):217-221.

[49] 王继敏,邓正湖.水酿塘水电站T型墩——差动式尾坎消力池原型观测研究[C]//中国水力发电工程学会.泄水工程与高速水流论文集.成都:成都科技大学出版社,1994.

[50] 李中枢,潘艳华,杨敏,等.T形墩消力池的水力特性与体型研究[J].水利学报,1995(3):28-39.

［51］江锋,苗隆德,王飞虎,等.低佛氏数 T 形墩消力池设计及消能研究[J].水利学报,
　　　1998(增刊):133-138.

［52］刘美茶.卡尔达拉水电站折坡消力池消力墩试验研究[D].咸阳:西北农林科技大学,
　　　2010:13-14.

［53］张国岑,王守恒.消力墩消能效果分析研究[J].河南水利与南水北调,1999 (3):24.

［54］花立峰.消力墩-T 形墩-消能塘联合消能的试验研究[J].水利水电工程设计,2004 (1):
　　　40-43.

［55］吴宇峰.消力墩对水跃跃长的影响[J].四川水力发电,2004,23(3):52-53.

［56］阎晋垣.掺气分流墩设施的研究[J].水利学报,1988(12):46-50.

［57］孙桂凯,莫崇勋,刘方贵.低坎分流墩消能工削波机理及其体型设计[J].广西大学学
　　　报(自然科学版),2010,35(1):162-165.

［58］罗铭,曹小平.掺气防止消力池辅助消能工空蚀破坏的研究[J].成都科技大学学报,
　　　1992,66(6):35-40,48.

［59］孙宝沭,王海龙,孙桂凯,等.低坎分流墩消能工下游水流波动特性研究[J].水利水电
　　　技术,2003,34(7):22-25.

［60］孙宝沭,王海龙.低坎分流墩消能工的优化研究[J].水力发电学报,2004,23(3):
　　　93-97.

［61］吕欣欣,陈剑,牛争鸣,等.表孔泄洪闸消力池辅助消能工试验研究[J].西北水力发
　　　电,2006,22(5):5-8.

［62］张宗孝,魏文礼.掺气分流墩与消力池联合应用消能机理分析与试验验证[J].武汉大
　　　学学报(工学版),2006,39(6):14-17.

［63］张志昌,孙建,阎晋垣.掺气分流墩设施水力特性的试验研究[J].水动力学研究与进
　　　展,2005,20(1):56-64.

［64］邱秀云,侯杰,周著,等.一种消除急流弯道陡坡冲击波的措施[J].水力发电,1998
　　　(11):18-20.

［65］侯杰,成军,邱秀云,等.悬栅消能工水力特性研究[J].新疆农业大学学报,2003,26
　　　(3):1-7.

［66］成军.陡坡急流悬栅消能水力特性的实验研究[D].乌鲁木齐:新疆农业大学,2003.

［67］张建民,王玉蓉,杨永全.陡坡弯道水流悬栅(板)消能特性测试研究[J].水利水电技
　　　术,2002,33(3):1-5.

［68］张建民,王玉蓉,杨永全,等.过悬栅、悬板栅水流流场测试及消能分析[J].四川大学

学报(工程科学版),2002,34(2):36-38.

[69] 邱秀云,赵涛,牧振伟,等.悬栅消能率的投影寻踪回归因子贡献率分析及多因子优化组合仿真[J].新疆农业大学学报,2003,26(3):8-12.

[70] 侯杰,赵涛,牧振伟,等.悬栅消能率的 PPR 因子贡献率分析及优化仿真[J].水力发电,2005,31(2):38-40,64.

[71] 邱秀云,侯杰,王锟.无压隧洞洞内消能试验研究[J].新疆农业大学学报,2004,27(3):62-65.

[72] 李凤兰.悬栅消力池消能特性的试验研究[D].乌鲁木齐:新疆农业大学,2006.

[73] 李凤兰,侯杰,邱秀云,等.悬栅消力池消能特性的试验研究[J].新疆农业大学学报,2006,29(1):63-66.

[74] 李虹瑾,魏敏,侯杰.隧洞洞内新型消能试验研究[J].东北水利水电,2007,25(11):56-58.

[75] 吴战营,牧振伟,潘光磊.导流洞出口消力池内设置悬栅消能工试验研究[J].水利与建筑工程学报,2011,9(4):39-41,104.

[76] 吴战营,牧振伟.辅助消能工联合运用试验研究及数值模拟[J].中国农村水利水电,2013(7):111-117.

[77] 吴战营,牧振伟.消力池内悬栅辅助消能工优化试验[J].水利水电科技进展,2014,34(1):27-31.

[78] 吴战营.消力池内辅助消能工试验研究及数值模拟[D].乌鲁木齐:新疆农业大学,2013.

[79] 朱玲玲.底流消力池内悬栅消能工布置型式对消能效果影响研究[D].乌鲁木齐:新疆农业大学,2014.

[80] 蒋健楠,牧振伟,贾萍阳,等.消力池内双层悬栅层距对消能特性影响研究[J].中国农村水利水电,2015 (11):156-160.

[81] 蒋健楠,牧振伟,张佳祎,等.双层悬栅消力池的水力特性数值模拟[J].南水北调与水利科技,2016,14(1):124-130.

[82] 蒋健楠,牧振伟,贾萍阳.消力池内布置双层悬栅的压强特性数值模拟[J].水电能源科学,2016,34(11):100-103.

[83] 蒋健楠,牧振伟,张佳祎,等.基于均匀正交试验的消力池内双层悬栅布置优化试验[J].中国水利水电科学研究院学报,2015,13(5):357-362.

[84] 蒋健楠,牧振伟,位静静,等.悬栅消力池内水流冲刷过程中悬栅抗冲刷研究[J].南水北调与水利科技,2017,15(2):156-162.

［85］蒋健楠,牧振伟,张佳祎.消力池内双层悬栅对消能效果影响试验研究［J］.水资源与水工程学报,2015,26(3):158-160.

［86］蒋健楠,牧振伟,牛涛,等.消力池内双层悬栅不同布置类型的压强特性研究［J］.中国农村水利水电,2017 (2):135-139.

［87］陶文铨.数值传热学［M］.2 版.西安:西安交通大学出版社,2001.

［88］王福军.计算流体动力学分析:CFD 软件原理与应用［M］.北京:清华大学出版社,2004.

［89］BRADSHEW P,FERRISS D H,ATWELL N P. Calculation of boundary layer development using the turbulent energy equation［J］. Fluid Mech,1967,28：593-616.

［90］NEE V W,KOVASZKAY L S G. The calculation of the incompressible turbulent boundary layer by a simple theory［J］. Physof Fluid,1969 (12)：473.

［91］张会书.气液传质过程中 Marangoni 效应的 PIV 实验研究［D］.天津:天津大学,2010.

［92］成璐.微纳二级结构超疏水表面湍流减阻机理的 TRPIV 实验研究［D］.天津:天津大学,2014.

［93］郝俪娟.后台阶及方形钝体绕流湍流场数值模拟及 PIV 实验研究［D］.哈尔滨:哈尔滨工业大学,2012.

［94］陈钊,郭永彩,高潮.三维 PIV 原理及其实现方法［J］.实验流体力学,2006 (04):77-82,105.

［95］陈钊.数字式粒子图像测速方法研究及其在氧化沟模型中的应用［D］.重庆:重庆大学,2006.

［96］陈钊,郭永彩.PIV 应用中的光学技术［J］.激光杂志,2006 (06):20-21.

［97］杨扬,阮晓东,杨华勇.基于 MATLAB 的 PIV 软件(MPIV)的开发与应用［J］.机电工程,2005 (12):1-4.

［98］陈炜.气液界面 Rayleigh-Bénard-Marangoni 对流现象实验测量及传质研究［D］.天津:天津大学,2014.

［99］唐榆东.用 PIV、LDV 对天然气大流量计量的研究［D］.成都:西华大学,2010.

［100］陈炜.界面对流的测量及对气液传质影响的研究［D］.天津:天津大学,2014.

［101］沈欣军.电除尘器内细颗粒物的运动规律及其除尘效率研究［D］.杭州:浙江大学,2015.

［102］李志平.激光粒子图像测量中示踪粒子特性及实验方法研究［D］.天津:天津大学,2007.

[103] 褚亚旭,崔志军,马文星.液力变矩内部流场的激切面法初步测量[J].液压与气动, 2005 (03):72-74.

[104] 屠珊,毛靖儒,孙弼.非定常复杂流动诱发的调节阀不稳定性研究综述[J].流体机械,2000 (04):30-32,3.

[105] 胡华,刘书亮,王天友,等.关于测量内燃机缸内流场用示踪粒子的研究[J].小型内燃机与摩托车,2002 (01):5-8.

[106] 张工.基于 VC++ 的 DPIV 图像后处理软件系统[D].大连:大连理工大学,2006.

[107] 李淳.激光流场测量中 DPIV 系统图像分析与处理的研究[D].天津:天津大学,2007.

[108] 栗鸿飞.基于 CFD 与 PIV 的水力机械交互式实验台的设计研究[D].成都:西华大学,2010.

[109] 陈次昌,李丹,季全凯,等.混流式水轮机尾水管内部流场的 PIV 测试[J].机械工程学报,2006 (12):83-88.

[110] 许联锋.水气两相流动的数字图像测量方法及应用研究[D].西安:西安理工大学,2004.

[111] 吴莹.搅拌槽内流动结构的 PIV 研究[D].北京:北京化工大学,2007.

[112] 陈钊,郭永彩.体视 2D-3cPIV 相机标定方法研究[J].光学技术,2007 (06):881-884,888.

[113] 张亚竹.平焰燃烧速度场的 PIV 测试研究[D].包头:内蒙古科技大学,2008.

[114] 常璐.高雷诺数三维顶盖驱动方腔流实验研究[D].天津:天津大学,2014.

[115] 贾蓉.带三角翼的矩形翅片间空气流动特性试验研究[D].北京:华北电力大学(北京),2010.

[116] 洪呈.粒子图像测速应用系统的研究与实现[D].南京:南京理工大学,2007.

[117] 任露泉.试验优化设计与分析[M].北京:高等教育出版社,2003.

[118] 方开泰,马长兴.正交与均匀实验设计[M].北京:科学出版社,2001.

[119] 夏之宁,谌其亭,穆小静,等.正交设计与均匀设计的初步比较[J].重庆大学学报(自然科学版),1999,22(5):112-117.

[120] 王宇平,焦永昌,张福顺.解多目标优化试验的均匀正交遗传算法[J].系统工程学报,2003,18(6):481-486.

[121] 陶洪飞,邱秀云,赵丽娜,等.基于正交设计的分离鳃结构优化数值模拟研究[J].水力发电学报,2013,32(5):204-212.

[122] 谭义海,李琳,邱秀云.梭锥管混浊流体分离装置水沙分离试验研究[J].新疆农业大

学学报,2010,33(6):521-526.

[123] 陈华勇,许唯临,邓军,等.窄缝消能工水力特性的数值模拟与试验研究[J].水利学报,2012,43(4):445-451.

[124] 冯国一,王海军,唐涛.坎深和入池能量对跌坎型底流消能工流态影响的数值模拟[J].南水北调与水利科技,2008,6(2):69-71.

[125] 王俊,符晓,王道吉,等.基于接触理论的水垫塘底板数值模拟研究[J].南水北调与水利科技,2011,9(2):88-90.

[126] 施春蓉,郭新蕾,杨开林,等.旋流环形堰竖井泄洪洞三维流场数值模拟[J].南水北调与水利科技,2015,183(5):1035-1039.

[127] 薛宏程,刁明军,岳书波,等.溢洪道出口斜切型挑坎挑射水舌三维数值模拟[J].水利学报,2013,44(6):703-709.

[128] MCGUIRK J,RODI W. A mathematical model for a vertical jet discharging into a shallow lakes[C]//Proceedings of the 17th IAHR Congress. Bedeu-Baden,A72,1977.

[129] 王玲玲,严忠民.石梁河水库消力池强紊动水流的数值模拟[J].水科学进展,2002,13(3):363-367.

[130] 刘达,廖华胜,李连侠,等.浅水垫消力池的大涡模拟研究[J].四川大学学报(工程科学版),2014,46(5):28-34.

[131] 程飞,白瑞迪,刘善均,等.数值模拟对比研究微挑消力池水力特性[J].水力发电学报,2012,31(2):71-78.

[132] 罗永钦,刁明军,何大明,等.高坝明流泄洪洞掺气减蚀三维数值模拟分析[J].水科学进展,2012,23(1):110-116.

[133] 李华,郑铁刚,戴凌全,等.多股多层水平淹没射流模型试验与数值模拟研究进展[J].水电能源科学,2010,28(10):74-76.

[134] 苏东朋,郝瑞霞.齿墩式内消能工的水力特性数值模拟研究[J].水电能源科学,2015,33(11):79-81,13.

[135] 史志鹏,张广根,何婷婷.低水头辅助消能工水力特性数值模拟计算研究[J].水电能源科学,2011,29(6):106-108,123.

[136] 牛青林,傅德彬,李霞.不同飞行状态下固体火箭发动机尾喷焰数值研究[J].航空动力学报,2015,30(7):1745-1751.

[137] 张挺,伍超,卢红,等.X型宽尾墩与阶梯溢流坝联合消能的三维流场数值模拟[J].水利学报,2004,(8):15-20.

[138] YAKHOT V,ORZAG S A. Renormalization group analysis of turbulence I. Basic theory [J]. Journal of Scientific Computing,1986,1(1):3-51.

[139] 王月华,包中进,王斌. 基于 Flow-3D 软件的消能池三维水流数值模拟[J]. 武汉大学学报(工学版),2012,45(4):454-457,476.